# MÉMOIRE

## SUR

## LES ARGILLES.

# MÉMOIRE
## SUR LES ARGILLES,

### OU

### RECHERCHES ET EXPÉRIENCES

### CHYMIQUES ET PHYSIQUES

Sur la nature des terres les plus propres à l'Agriculture, et sur les moyens de fertiliser celles qui sont stériles;

**PAR M. BAUMÉ,**

Maître Apothicaire de Paris, et Démonstrateur en Chymie.

### A PARIS,

Chez MEURANT, Libraire, rue de la Harpe, vis-à-vis la rue Serpente, n°. 20.

### AN V. — 1796.

# AVERTISSEMENT[*].

L'OUVRAGE que je présente au public a concouru à un des prix que l'académie de Bordeaux avoit proposés pour l'année 1767, sur

---

[*] M. Macquer a été chargé par le roi de travailler à perfectionner la porcelaine de France : il m'a prié de l'aider dans ses recherches, ce que j'ai accepté. Nous avons fait ensemble plus de dix-huit cents expériences sur cette matière, dans l'espace d'environ deux années consécutives de travail. Cet habile chymiste a donné, en 1762, nos observations sur les argilles, dans un mémoire inséré dans le volume de l'académie royale des sciences pour l'année 1758. Le mémoire que je présente à l'académie de Bordeaux, contient plusieurs

3

les argilles considérées chymique-
ment et relativement aux moyens
de les fertiliser. N'ayant pas été
suffisamment satisfaite des détails
qu'il contenoit, elle ne l'a pas cou-
ronné, elle a remis le prix pour
l'année 1769, en invitant l'auteur
à donner plus de soins et d'attention à la troisième partie de la
question proposée. J'ai augmenté

---

expériences et observations dont il est
fait mention dans le mémoire de M.
Macquer : elles sont communes entre
lui et moi, je m'en sers pour prouver
plusieurs choses que j'avance. Il m'étoit
difficile de citer ce mémoire sans me
faire connoître, ce qui auroit été contraire aux loix de l'académie : mon mémoire contient en outre des observations et des expériences qui me sont
particulières.

ce mémoire considérablement, et je me suis singulièrement attaché à la troisième partie de la question. Je l'ai ensuite renvoyé une seconde fois pour concourir de nouveau; mais il n'a pas été plus heureux. Cependant comme cette dissertation contient la démonstration de plusieurs principes fondamentaux relatifs à la végétation, à l'agriculture, et à l'économie animale, j'ai pensé, en le faisant imprimer, faire plaisir et me rendre utile aux amateurs et aux agriculteurs. Le point de vue chymique sous lequel je traite l'argille, est absolument neuf. Je la considère comme une matière saline, dissoluble en entier dans l'eau, sans laisser aucun résidu, si ce

n'est les matières qui lui sont étrangères ; en un mot, je fais voir
qu'elle est un sel vitriolique à base
de terre vitrifiable, comme le
gypse est un sel vitriolique à base
de terre calcaire. Je me flatte que
le naturaliste et le chymiste seront
également satisfaits, l'un de voir
un article d'histoire naturelle aussi
important, parfaitement éclairci,
et l'autre sur la multitude d'expériences nouvelles, au moyen des-
quelles j'appuie ma nouvelle doctrine. Mais en prenant le parti de
faire imprimer cet ouvrage, j'es-
père que l'académie de Bordeaux
ne me saura pas mauvais gré que
je profite de cette occasion, pour
lui faire quelques observations
sur les expressions dont elle se

sert pour apprécier mon mémoire! il m'a paru qu'elles manquoient
d'exactitude, ce qui pourroit faire
soupçonner qu'elle n'a pas entendu suffisamment la valeur des expériences nouvelles sur lesquelles
j'appuie ma doctrine. En second
lieu, il paroît qu'elle a trop sup-
posé, en espérant que les trois
membres de sa question, seroient,
par la voie de l'expérience, réso-
lues par la même personne.

Il auroit été, ce me semble,
plus convenable aux vues de l'académie, de partager la question en
deux, d'en faire le sujet de deux
prix, parce que les deux premiers
membres de la question ; savoir,
*quels sont les principes qui cons-*
*tituent l'argille, et les change-*

*mens naturels qu'elle éprouve*,
exigent pour les résoudre, des
connoissances profondes en chymie et en histoire naturelle. L'académie auroit dû, ce me semble,
s'appercevoir que ces questions
sont infiniment au-dessus des connoissances ordinaires d'un agriculteur. Le troisième membre de la
question est, *quels seroient les
moyens de la fertiliser*. Ces
moyens de rendre l'argille fertile,
ne pouvoient être qu'indiqués par
un chymiste, il est du ressort d'un
agriculteur de soumettre à l'expérience, la théorie que le chymiste
découvre par ses expériences.

Il est facile de sentir combien
il doit être rare, et peut-être impossible, de trouver réunis dans

un agriculteur qui doit s'occuper
des travaux rustiques de la campagne, toutes les connoissances
qui sont nécessaires pour résoudre
les trois membres de la question
que l'académie avoit proposée.
Il faut de l'habitude et du temps
pour réfléchir sur ces sciences;
d'ailleurs, les travaux chymiques
sont pour le moins aussi laborieux
que ceux de l'agriculture. Celui
qui par état s'adonne à l'étude des
sciences physiques, ne peut ni n'a
le temps de s'occuper à l'agriculture : s'il s'en occupe, c'est toujours aux dépens des connoissances qu'il pouvoit acquérir dans les
autres parties.

Exiger qu'un seul homme ré-
ponde par des expériences aux

trois membres de la question, ce seroit exiger qu'un chymiste quittât son laboratoire pour aller s'occuper à la campagne des travaux de l'agriculture; ou bien obliger un agriculteur à quitter ses travaux rustiques, pour se renfermer dans un laboratoire pendant une vingtaine d'années, pour y apprendre la chymie. Cependant par la manière dont l'académie a porté son jugement sur les ouvrages qui lui ont été présentés, on pourroit croire que ç'a été là son intention.

Voici de quelle manière elle s'exprime dans son progamme qui vient d'être imprimé dans le Mercure de France, pour le mois de novembre 1769, p. 151 et suiv.

sur la question concernant l'argille. « Si cette compagnie avoit
» borné sa demande à ce qui re-
» garde les principes constituans
» de cette substance et les divers
» changemens qu'elle éprouve,
» elle auroit eu peut-être la satis-
» faction, toujours bien sensible
» pour elle, de pouvoir décerner
» la couronne qu'elle avoit des-
» tinée à ce sujet, quoique ce-
» pendant dans la pièce, qui, à
» cet égard, auroit pu réunir ses
» suffrages, *elle ait apperçu des*
» *résultats directement opposés*
» *à ceux que les plus savans*
» *chymistes modernes ont obte-*
» *nus des mêmes procédés.* Mais
» convaincu des secours et des
» lumières que les sciences peu-

» vent se prêter les unes aux
» autres pour les besoins des hom-
» mes, et mettant toujours sa
» gloire à les ramener toutes à des
» objets d'utilité publique, elle
» avoit encore voulu, en invitant,
» pour ainsi dire, la chymie à sor-
» tir de sa sphère ordinaire, l'en-
» gager à jeter quelques regards
» sur l'agriculture, et à étendre
» les bienfaits de son art sur cette
» partie si intéressante pour l'hu-
» manité. Lorsqu'elle réserva ce
» prix en 1767, elle ne laissa même
» plus ignorer que c'étoit-là le
» principal objet qu'elle avoit eu
» en vue, en proposant ce sujet
» dans les termes de son program-
» me.

» Elle avoit en conséquence

» pour lors invité les auteurs qui
» voudroient concourir pour ce
» prix, et notamment celui d'une
» dissertation qui lui avoit été en-
» voyée avec cette épigraphe : *On*
» *ne s'imagine pas qu'on puisse,*
» *avec le temps, parvenir au point*
» *de reconnoître tous ces différens*
» *objets,* à donner plus de soins et
» d'attention à la troisième partie
» de la question proposée, et à
» appuyer, sur-tout, du secours
» de l'expérience, les moyens
» qu'ils auroient à indiquer pour
» remplir les vues qu'elle présen-
» toit.

» Dans les pièces qu'elle a re-
» çues cette année à examiner,
» elle a vu avec regret que cette
» partie avoit encore été trop né-

» gligée par la plupart de leurs au-
» teurs, et que si celui de la disser-
» tation indiquée y a fait particu-
» lièrement à cet égard des addi-
» tions considérables, y a même
» tracé le plan des expériences
» qu'une théorie profonde et éclai-
» rée lui suggéroit, il s'est néan-
» moins contenté de présenter
» cette théorie seule et privée du
» témoignage de la pratique, en
» laissant à desirer que, non moins
» sensible à la gloire de mériter par
» ses travaux la reconnoissance des
» hommes, qu'à celle d'obtenir
» une couronne littéraire, il eût
» voulu lui-même exécuter les pro-
» cédés qu'il indiquoit, et qui,
» peut-être dans ses mains, plutôt
» que dans celles de tout autre, au-

» roient forcé la nature à lui dévoi-
» ler le secret des combinaisons
» qu'elle emploie pour rendre les
» terres propres à la végétation.

» Ne trouvant donc point en-
» core son objet parfaitement rem-
» pli, l'académie a été obligée de
» réserver une seconde fois ce prix;
» mais, dans l'espérance que de
» nouveaux efforts de la part des
» auteurs qui se sont déjà présen-
» tés, ou que de nouveaux ouvra-
» ges de la part de ceux qui vou-
» droient se mettre sur les rangs,
» pourront enfin pleinement satis-
» faire ses vues, elle en a conservé
» la destination au même sujet,
» qu'elle repropose dès aujour-
» d'hui pour 1773, afin de donner
» aux auteurs le temps qui pour-

» roit leur être nécessaire pour » faire les expériences relatives à » la question proposée ».

L'académie dit avoir apperçu dans mon mémoire, que *je tire des résultats directement opposés à ceux que les plus savans hymistes modernes ont obtenus des mêmes procédés.*

L'académie voudra bien me permettre de lui dire une seconde fois qu'elle n'a pas entendu mes expériences, et qu'elle n'a pas su distinguer ce qu'il y a de neuf dans ces expériences, ou bien qu'elle ne connoît point les travaux chymiques publiés avant mon mémoire : il m'est facile de prouver ce que j'avance ici.

J'établis et je prouve par de

bonnes expériences, l'état salin de l'argille, je fais voir qu'elle est une matière saline, et, comme je viens de le dire, dissoluble en entier dans l'eau : je compare cette espèce de matière saline à l'alun, je fais voir que ces deux substances sont absolument de même espèce, et qu'elles ont plus ou moins les mêmes propriétés.

L'argille admet dans sa combinaison toutes sortes de doses d'acide vitriolique, et forme de véritable alun avec une dose convenable de cet acide. De même l'alun saturé par sa terre, forme un sel neutre, qui n'a plus de saveur comme l'argille ; il est aussi peu dissoluble dans l'eau, &c. &c. On verra dans le détail de mes

expériences plusieurs phénomènes semblables, aussi neufs, sur
lesquels j'établis ma doctrine, et
d'après lesquels je tire les résultats
que l'académie prétend être opposés à ceux qu'en ont tirés d'habiles chymistes des mêmes procédés. Pour que l'académie soit
en droit de s'exprimer ainsi, il
faut qu'elle ait connoissance que
ces découvertes aient été faites
avant moi par d'autres chymistes;
dans ce cas je la prie de me nommer les chymistes et les ouvrages
où ces découvertes sont publiées.
Mais je ne sache pas que l'académie puisse me dire que ce soit
des expériences que j'ai répétées
d'après quelques chymistes. Ces
expériences sont absolument neu-

ves; ainsi les résultats que j'en tire, ne sont et ne peuvent être directement opposés à ce que d'habiles chymistes en ont tiré avant moi, puisque ces expériences leur étoient inconnues.

L'académie sollicite les chymistes à sortir de leur sphère, pour les engager, dit-elle, *à jeter quelques regards sur l'agriculture:* c'est bien, ce me semble, dire positivement que les connoissances de l'agriculture ne sont pas suffisantes pour résoudre toute la question qu'elle a proposée. C'est implorer *les secours de la chymie envers un art si utile à l'humanité,* comme l'académie le dit elle-même. Mais pour la première fois, peut-être, qu'elle reçoit un

mémoire chymique sur l'agriculture, a-t-elle accueilli ce mémoire
proportionnellement à son invita-
tion? Elle est cependant, dit-elle,
satisfaite des réponses aux deux
premiers membres de la question
qu'elle propose. Quant au troisième membre, elle trouve que j'ai
fait *des additions considérables,*
*que j'ai tracé le plan des expé-*
*riences qu'une théorie profonde*
*et éclairée m'a suggéré ; mais*
*que je me suis contenté de présen-*
*ter cette théorie seule, et privée*
*du témoignage de la pratique.*

Pouvoit-elle espérer qu'un chymiste en pût faire davantage? ne
lui suffisoit-il pas d'avoir établi
par beaucoup d'expériences et de
recherches, la théorie demandée

par l'académie, et d'avoir indiqué aux agriculteurs les moyens d'appliquer cette théorie à la pratique ? C'est au public à prononcer entre l'académie et moi ; et, en attendant, je déclare à cette compagnie que je ne m'occuperai plus davantage de cet objet, du moins relativement au programme qu'elle a publié. Mais comme d'autres que moi pourront s'en occuper, et que mes travaux pourront leur être utiles, j'ai cru devoir les publier, afin qu'ils puissent en avoir connoissance, ce qui n'auroit pu avoir lieu, si ce mémoire fût resté enseveli dans le dépôt académique.

Au reste, je puis assurer que ce mémoire est ici tel qu'il a été

présenté au concours de l'année
1769. J'en ai laissé exprès l'origi-
nal entre les mains du secrétaire
de l'académie, pour qu'on puisse
y avoir recours en cas de besoin.

# MÉMOIRE

## SUR LES ARGILLES,

### OU

### RECHERCHES ET EXPÉRIENCES

### CHYMIQUES ET PHYSIQUES.

LA question que l'académie de Bordeaux a proposée à résoudre sur les argilles, énoncée en ces termes : *Quels sont les principes qui constituent l'argille, et les changemens naturels qu'elle éprouve, et quels seroient les moyens de la fertiliser,* doit être considérée comme étant de la dernière importance, puisque, comme je me propose de le faire voir, elle tient autant à l'économie animale qu'à la végétation.

La nature des argilles est encore aussi peu connue des naturalistes que des chymistes; les ouvriers les emploient de temps immémorial dans plusieurs arts, pour la construction de la porcelaine, de la faïence, et des autres poteries de terre plus communes, &c. sans jamais s'être embarrassés de leur origine et de leur nature.

Pour exposer un systême vraisemblable sur l'origine des argilles, il faudroit avoir des notions exactes sur l'origine du globe que nous habitons, connoître les changemens qu'il a éprouvés depuis qu'il est formé, &c. Ce sont des spéculations, qui, toutes philosophiques qu'elles peuvent être, ne répondroient point aux questions proposées, quand même on rencontreroit juste : l'intervalle qu'il y a entre nous et le temps où il a plu au Créateur de former ce globe, laisse un voile ténébreux, qui sera peut-être toujours pour nous impossible à lever : nous sommes réduits à ne pouvoir qu'examiner les corps qui sont sous nos yeux. Mais si nous ne pouvons découvrir leur origine, tâchons au moins d'acquérir, par

la voie de l'expérience, des connoissances sur leur nature : c'est le parti
le plus raisonnable, et celui que l'académie de Bordeaux a pris sur la matière dont il est question.

Les argilles sont en plus grande
quantité dans la nature, que toutes les
autres matières terreuses ; ce sont elles
en effet qui composent le fonds de la
végétation, qui, à ce titre, sont les plus
nécessaires, et que la Providence a con-
séquemment le plus universellement
distribuées. Il n'y a guère de pays où
l'on ne trouve des bancs d'argilles plus
ou moins considérables. Toutes les
terres propres à la végétation sont remplies de cette espèce de terre ; je me
flatte même de démontrer par des expériences chymiques, qu'il n'y a que cette
espèce de terre qui entre vraiment
dans la composition des végétaux et des
animaux.

Les terres calcaires, les sablons et
les sables de rivière, ou graviers, qui

se trouvent mêlés dans les terres labourables, ne servent qu'à diviser les terres
argilleuses, à diminuer leur compacité, à les empêcher de durcir, en un
mot, à leur procurer la facilité de se
laisser pénétrer par l'eau des pluies plus
facilement qu'elles ne le seroient sans
ce mélange; en divisant ainsi les argilles, elles les rendent plus légères,
plus meubles, enfin plus propres à laisser percer le germe des plantes qu'elles
renferment, et à laisser étendre les racines.

*Propriétés générales des argilles.*

Les argilles sont des terres grasses,
douces au toucher, qui s'attachent à la
langue, qui se pétrissent avec de l'eau,
qui se réduisent en pâte, qui ont assez
de liant pour se laisser travailler sur le
tour, qui pétillent et sautent en éclats
avec explosion lorsqu'elles ne sont pas
parfaitement sèches, et qu'on les expose

brusquement au grand feu , et qui alors se réduisent en poudre avec un mouvement de décrépitation. Les argilles parfaitement pures, n'entrent point en fusion à la violence du feu ; mais elles ont la propriété de s'aglutiner , de prendre assez de corps, et d'acquérir assez de dureté pour jeter des étincelles comme une pierre à fusil, lorsqu'on les frappe contre de l'acier : les argilles se dissolvent difficilement dans les acides. Telles sont les propriétés générales de ces terres : examinons présentement quelle est leur nature , et quels sont les principes qui les constituent.

# PREMIÈRE QUESTION.

*Quels sont les principes qui constituent les argilles ?*

Les argilles sont de la terre vitrifiable de la nature du sable, prodigieusement divisée, unie à de l'acide vitriolique : c'est une vraie sélénite à base de terre vitrifiable, ou un sel vitriolique à base de terre vitrifiable, mais dont la proportion de terre surpasse considérablement celle de l'acide vitriolique ; de-là vient que les argilles sont peu dissolubles dans l'eau, parce qu'elles s'éloignent considérablement de l'état salin, mais lorsque l'acide s'y trouve en plus grande quantité, et que sa dose est égale à celle de la terre, elles sont non-seulement dissolubles dans l'eau, mais même elles forment des crystaux très-gros, très-dissolubles, comme je le démontrerai successivement, et ces cristaux sont de l'alun.

Presque toutes les argilles contiennent un sable très-fin, tellement mêlé et combiné avec l'argille, qu'on ne peut l'en séparer que par des moyens chymiques. Ce sable est une portion de terre semblable à celle qui constitue l'argille, mais qui n'est pas combinée avec de l'acide vitriolique.

On remarque beaucoup de variété dans les argilles, tant par leur couleur, que par les proportions d'acide vitriolique qu'elles contiennent. Nous allons d'abord examiner les variétés qu'on observe dans les couleurs, ensuite nous considérerons celles qu'on remarque dans les proportions de l'acide vitriolique.

On trouve de l'argille entièrement noire, il y en a à Montereau-sur-Yonne des bancs considérables; cette couleur lui est donnée par des matières phlogistiques provenant des sucs des végétaux et des animaux. Il y a de l'argille verte dans les environs de Reims, celle-ci tient du cuivre dans l'état de verd-de-gris que lui donne cette couleur. Il y a d'autres argilles qui sont jaunes, d'autres rouges, bleues, grises, blanches, &c. d'autres sont veinées de différentes couleurs, semblables, par leur arrangement et pour leur variété, à celles des plus beaux marbres colorés. Les terres qu'on nomme bols, telles que le bol d'Arménie, sont des argilles colorées par du fer. Toutes ces couleurs sont absolument étrangères à la nature de l'argille, elles y sont produites par des matières végétales, animales et métalliques, réduites dans un état de division extrême. Quelquefois les substances des trois règnes colorent l'argille tout en même temps, et quelquefois elle n'est colorée que par des substances d'un seul règne.

Dans les environs de Gisors, on tire une argille avec laquelle on fait des creusets pour la verrerie de Sèvre, près de Paris ; cette argille est de couleur grise. J'ai eu occasion de l'examiner ; j'ai reconnu qu'elle contient une petite quantité d'or, elle devient d'un beau couleur de rose lorsqu'on la calcine au grand feu après l'avoir mêlée avec de la chaux d'étain.

Les argilles colorées contiennent presque toutes des pyrites. Dans les unes les pyrites y sont dans un état d'efflorescence, et quelquefois en poussière ; dans d'autres les pyrites y sont entières. Ces matières altèrent considérablement la pureté des argilles, on est obligé de les séparer lorsqu'on en veut faire de bonne poterie.

J'ai observé pareillement beaucoup de variété dans les argilles, relativement à l'acide vitriolique qu'elles contiennent : toutes celles qui sont colorées en renferment davantage que celles qui sont blanches et sans couleur. On trouve des terres blanches qui se dissolvent peu ou point dans les acides ; elles ont du liant, mais beaucoup moins que les argilles ; elles ne contiennent point d'acide vitriolique ; ces espèces de terres sont celles qui servent de base aux argilles : on trouve souvent de ces terres, mais elles ne sont pas de vraies argilles ; elles sont aux argilles ce que les craies sont au plâtre. Ces dernières terres ( les craies ) sont, comme on le sait, la base du gypse, mais elles ne sont pas du gypse. Ce qui constitue donc essentiellement l'argille, c'est *la combinaison de l'acide vitriolique avec une terre vitrifiable.*

Toutes les argilles colorées par des matières végétales et animales, blanchissent au feu ; leur matière colorante se détruit, mais ces terres ne blanchissent jamais assez pour faire de belle poterie blanche, et il est rare qu'elles puissent servir à faire de belle porcelaine, parce que si elles blanchissent à un léger coup de feu, il leur arrive toujours de reprendre beaucoup de couleur, lorsqu'elles éprouvent le degré de feu convenable pour les cuire. Celles qui sont colorées par des matières métalliques, sont encore moins bonnes pour cet objet, l'action du feu développe même des couleurs nouvelles; elles ont d'ailleurs l'inconvénient d'entrer en fusion et de se réduire en verre par la violence du feu, parce que les matières métalliques, aussi bien que les terres calcaires, leur servent de fondant. C'est par cette raison que les argilles blanches, qui sont les plus pures, sont préférées pour la porcelaine, sur-tout lorsqu'elles ne contiennent point d'autres terres étrangères, qu'elles sont bien liantes, et qu'elles conservent leur grand blanc après avoir éprouvé la plus vive action du feu, et tout l'endurcissement qu'elles peuvent acquérir. On en connoît fort peu de cette espèce qui aient ces qualités, quoiqu'il fût fort utile pour les

poteries blanches et pour la porcelaine
d'en avoir à choisir.

En général, j'ai remarqué que les
argilles blanches ont moins de liant
que les bleues, les noires et les grises,
qui servent à faire des poteries communes. Ce défaut leur vient de ce que
leurs molécules sont moins fines, et
qu'elles sont elles-mêmes presque toujours mêlées avec une très - grande
quantité de mica : plusieurs même en
sont tellement altérées, qu'on pourroit
croire que ces espèces d'argilles ne seroient rien autre chose que du talc ou
du mica qui s'est détruit et réduit en
poudre par le laps du temps et par les
révolutions qui sont arrivées à notre
globe. On pourroit encore présumer
que ce sont des argilles qui commencent
à se dénaturer, à perdre de leur acide,
à s'éloigner de l'état salin, et à former
de nouveaux corps, qui cessent d'avoir
les caractères distinctifs des argilles.

On doit attribuer le liant des argilles

à l'extrême division de leurs parties qui les rend propres à retenir l'eau, et à leur état salin qui leur donne la faculté d'être presque dissolubles dans l'eau. Leurs molécules sont beaucoup plus dans l'état de division, que celui qu'on pourroit procurer à une pierre quelconque par des moyens mécaniques. On peut bien donner au sable et à toutes les matières vitrifiables beaucoup de liant en les réduisant en poudre impalpable sur le porphyre; mais quelque divisées que soient ces substances, elles ne peuvent jamais acquérir le liant des argilles, parce qu'elles n'ont rien de salin qui les rende miscibles à l'eau; les argilles elles-mêmes n'ont presque plus de liant lorsqu'on leur a enlevé leur acide, quoique la substance terreuse reste dans le plus grand état de division. C'est pour cette raison que les argilles blanches, qui sont toujours remplies de *mica*, et qui sont par conséquent moins dans l'état salin, ne sont pas, à beaucoup près, aussi liantes, et se sèchent plus promptement que les argilles fortes; elles sont aussi plus sujettes à se fendre en se séchant, et plus faciles à être pénétrées et délayées par l'eau.

Lorsqu'on expose les argilles à la violence du feu, elles durcissent toutes, les unes plutôt, les autres plus tard. En examinant avec attention ces phénomènes, il ne paroît pas difficile d'en deviner la cause : les argilles ainsi exposées à l'action du feu, prennent beaucoup de retraite, c'est-à-dire, qu'elles occupent, après la calcination, un volume moins grand qu'auparavant.

Les argilles blanches et parfaitement pures, ont besoin d'un plus grand coup de feu pour durcir complètement, parce qu'elles contiennent essentiellement moins d'acide vitriolique qui est un principe de fusibilité, comme je le démontrerai. Les argilles bleues contiennent toutes plus d'acide vitriolique;

elles sont d'ailleurs mêlées pour l'ordinaire avec une certaine quantité de fer, qui facilite considérablement leur endurcissement : on doit considérer cet effet, comme produit par une disposition à la fusion ; aussi les argilles entrent réellement en fusion, et se convertissent en verre, lorsqu'elles contiennent une certaine quantité de quelques chaux métalliques, quoiqu'elles n'éprouvent qu'un feu égal à celui qui ne fait que durcir les argilles pures.

La diminution de volume que les argilles éprouvent par la calcination, vient de deux causes; 1°. de l'humidité qui s'évapore, laquelle est si tenace, que les argilles en contiennent encore, même lorsqu'elles sont rougies à blanc ; je m'en suis assuré en pesant un morceau d'argille tout rouge, et que j'ai repesé après l'avoir tenu encore deux heures au très-grand feu sous la moufle d'un fourneau de coupelle : j'ai trouvé que cette argille avoit diminué

considérablement de poids et de volume.

2°. Lorsque l'argille est rouge à
blanc, elle est dans un état de mollesse,
comme un corps qui se dispose à la fusion, quoiqu'elle soit pour cela fort
éloignée de se fondre : néanmoins lorsqu'elle est parvenue à cet état, les parties de la terre se rapprochent les unes
des autres, et la masse totale acquiert
plus de densité en diminuant de volume.

L'acide vitriolique, comme principe
de fusibilité des argilles, facilite encore leur endurcissement; aussi j'ai remarqué que les terres argilleuses, des-
quelles j'avois séparé l'acide vitriolique, avoient besoin d'un coup de feu
infiniment plus fort pour acquérir tout
le degré de cuisson et de dureté dont
elles sont susceptibles; j'ai observé
que les argilles les plus liantes, et qui
retiennent en même temps la plus
grande quantité d'eau, sont celles qui
prennent le plus de retraite au feu.

Présentement, il convient que nous examinions les propriétés salines, que nous avons dit avoir reconnues dans l'argille, et les principes qui constituent cette terre. Commençons par démontrer l'existence de l'acide vitriolique, ensuite nous examinerons l'espèce de terre qui fait la base des argilles.

On emploie l'argille avec succès pour décomposer le nitre et le sel marin, et pour avoir part à l'acide de ces sels, on prend ordinairement six ou huit parties d'argille contre une de l'un ou de l'autre de ces sels ; il reste dans la cornue après la distillation une matière terreuse, dans laquelle plusieurs chymistes croyoient qu'il n'existoit aucun sel, parce qu'ils n'ont pu en rien tirer.

En examinant cette matière avec attention, je me suis d'abord apperçu que le *caput mortuum* provenant de ces distillations, se trouvoit augmenté précisément dans les mêmes proportions

qu'il se trouve de base alkaline dans
les sels que j'avois employés. J'étois
pour lors bien convaincu que l'alkali
de ces sels étoit resté mêlé aux argilles ;
il me restoit à connoître l'état où il se
trouvoit. J'ai fait bouillir dans de l'eau
une certaine quantité de ces *caput mortuum*, j'ai filtré la liqueur : elle passe
très-difficilement, parce que la substance
de l'argille est si adhérente à ces sels,
qu'elle se dissout, pour ainsi dire, avec
eux plutôt que de s'en séparer ; aussi,
par ce moyen, je n'ai pu en tirer qu'une
très-petite quantité de sel fort impur et
mêlé de terre ; mais comme j'étois bien
persuadé que le nitre et le sel marin sont
décomposés dans ces opérations en raison de l'acide vitriolique contenu dans
les argilles, et que cet acide ayant dégagé
ceux du nitre et du sel marin, il devoit
s'être combiné avec leur base alkaline,
il devoit par conséquent s'être formé
du sel de duobus avec l'alkali du nitre,
et du sel de Glauber avec l'alkali marin.

Je pensai alors que les difficultés qu'on éprouvoit pour tirer les sels de ces résidus, venoient uniquement de ce qu'ils avoient éprouvé par la violence du feu un commencement de combinaison avec la terre vitrifiable de l'argille ; je pensai que l'addition d'un peu d'alkali fixe seroit très-propre à détruire l'adhérence de ces sels avec la terre : mes espérances ont été confirmées par l'expérience. J'ai fait bouillir de ces *caput mortuum* dans de l'eau avec un peu d'alkali fixe, qui a tellement détruit l'adhérence de la terre avec les sels, que les liqueurs filtroient très-claires et très-facilement : mises ensuite à évaporer et à crystalliser, j'ai obtenu, savoir, du *caput mortuum* provenant de la décomposition du nitre, un vrai sel de duobus, et du *caput mortuum* provenant de la décomposition du sel marin, un très-beau sel de Glauber.

Ces expériences sont démonstratives pour prouver l'existence de l'acide vitriolique dans les argilles. Le foie de soufre qu'on fait avec l'argille, est une nouvelle preuve qui confirme l'existence de cet acide vitriolique dans ces sortes de terres. J'ai fait fondre dans un creuset une once d'argille, huit onces d'alkali fixe, et une demi-once de charbon en poudre; j'ai lessivé dans de l'eau cette matière, j'ai filtré la liqueur, elle avoit tous les caractères du foie de soufre ordinaire, et j'en ai séparé, par le moyen du vinaigre distillé, le soufre qui s'est formé. Je ne pense pas qu'il soit nécessaire de rapporter un plus grand nombre d'expériences pour démontrer l'existence de l'acide vitriolique dans les argilles; mais il convient que nous disions un mot sur la force avec laquelle il tient à la terre argilleuse.

Les poteries, les fourneaux, les creusets, les porcelaines terreuses, ont nécessairement de l'argille pour base. Lorsqu'on fait cuire ces vases, l'action du feu fait dissiper une partie de l'acide vitriolique, il se répand dans le voisinage une odeur d'acide sulfureux volatil, qui est considérable. On s'apperçoit encore mieux de cette odeur lorsqu'on est à la proximité des fours où l'on fait cuire des briques et des tuiles. Mais ce n'est que la plus petite partie de l'acide qui s'évapore, elle n'est même que proportionnelle à la quantité de matière phlogistique qui est contenue dans l'argille. Les tuiles et les briques de Bourgogne sont faites avec une argille passablement réfractaire, elles sont les plus cuites de toutes celles que l'on connoît à Paris : le plus grand nombre est même vitrifié à sa surface, ce qui suppose qu'elles ont reçu un très-grand coup de feu. Cependant elles contiennent encore une si grande quantité d'acide vitriolique, qu'on croiroit qu'elles n'en ont point perdu du tout pendant leur cuisson.

J'ai réduit en poudre assez grossière

des tuiles et des briques de Bourgogne,
chacune séparément; j'ai versé par-
dessus l'une et l'autre de l'eau distillée
et froide. L'infusion d'un quart-d'heure
a suffi pour charger l'eau d'un sel vitriolique à base terreuse, qui a commu-
niqué de part et d'autre à l'eau distillée, une saveur d'eau crue, semblable
à celle des eaux des puits de Paris. Ces
liqueurs filtrées précipitent en jaune du
turbith minéral le mercure dissous dans
l'acide nitreux; l'alkali fixe en fait précipiter une terre jaunâtre. Je sens bien
qu'on peut m'objecter que l'argille
avec laquelle on fait des tuiles et des
briques contient des pyrites qu'on ne
se donne pas la peine de séparer, et
qui sont calcinées pendant la cuite de
la brique : elles se trouvent alors dans
l'état le plus favorable pour tomber en
efflorescence, et pour produire dans
l'eau tous les phénomènes dont nous
venons de parler.

Ainsi l'acide vitriolique que l'on

retrouve dans les tuiles et dans les briques ne seroit plus fourni par l'argille, mais par les pyrites.

Cette objection est spécieuse, mais il est facile de la détruire par les expériences suivantes.

J'ai pulvérisé et broyé six onces de porcelaine des Indes; je l'ai mêlé avec une once de nitre très-pur, j'ai mis ce mélange en distillation dans une cornue de verre. Au premier degré de chaleur, l'acide nitreux a été dégagé, et il s'est élevé des vapeurs rouges, comme lorsqu'on décompose le nitre avec de l'argille ordinaire, et j'en ai retiré la même quantité d'acide nitreux.

On ne peut pas attribuer ces effets à des pyrites qui seroient contenues dans la porcelaine, parce qu'on ne fait entrer dans sa composition que des argilles qui n'en contiennent pas, ou si elles en contiennent, on les sépare avec le plus grand soin. Au reste, je puis assurer que la porcelaine que j'ai em-

ployée dans cette expérience n'en contenoit pas du tout : aussi l'acide vitriolique
qui s'est manifesté étoit bien celui qui
étoit réellement contenu dans l'argille
qui a servi à faire la porcelaine, et qui
s'y est conservé malgré la violence du
feu qu'elle a éprouvée pour se cuire en
porcelaine. J'ai fait cette expérience
dans une cornue de verre, et non dans
une cornue de grès, afin qu'on ne puisse
pas attribuer la décomposition du nitre
à la terre argilleuse de la cornue.

Les poteries qu'on nomme grès, et
qui ne sont faites que d'argilles pures,
éprouvent pour leur cuisson, un feu de
huit jours, qui est très-violent pendant
les trois derniers jours : cependant il
n'est pas à beaucoup près suffisant pour
faire dissiper tout l'acide vitriolique
de l'argille, il ne s'en dissipe qu'une
fort petite quantité ; la plus grande partie reste combinée avec la terre, se vi-
trifie avec elle plutôt que de s'évaporer
malgré la violence du feu. J'ai réduit

en poudre fine une livre de grès de
*Savigny*, près de Beauvais en Picardie.
Je l'ai fait calciner pendant deux heures, à un coup de feu qui fait fondre
dans une demi-heure un mélange
parties égales de craie et d'argille en
un verre net et transparent ; je me suis
servi de ce grès ainsi calciné, pour décomposer du nitre et du sel marin, il a
dégagé leurs acides avec autant de
facilité que l'auroit fait de l'argille
pure. Quelques chymistes pensent, au
contraire, que les argilles perdent leur
acide vitriolique pendant la calcination ; mais il me semble que les preuves
qu'ils apportent pour appuyer leur sentiment, ne sont pas suffisamment démonstratives.

L'alkali fixe qui décompose tous les
sels neutres à base terreuse, soit par
la voie sèche, soit par la voie humide,
devient impuissant par la voie humide,
pour séparer l'acide vitriolique de l'argille, à moins qu'elle ne soit elle-même

entièrement dissoute dans l'eau. J'ai
fait bouillir pendant douze heures, deux
livres d'argille blanche avec autant
d'alkali fixe, dans une suffisante quantité d'eau, l'argille devenoit comme
soyeuse, les molécules, en se mouvant
dans l'eau, faisoient des reflets semblables à ceux que jette la moire. J'ai filtré la liqueur ; elle étoit tout aussi alkaline qu'avant cette opération, et je
n'en ai jamais pu tirer de tartre vitriolé : elle a seulement déposé par le séjour, une portion d'argille que l'alkali
fixe avoit dissoute. J'ai lavé cette argille dans beaucoup d'eau pour la dessaler entièrement, et je l'ai laissée sécher. Je m'en suis servi pour décomposer du nitre et du sel marin, elle a
décomposé ces sels avec la même facilité, que de pareille argille qui n'a
point subi ces opérations. Quelques
chymistes pensent le contraire, et
croient que ce moyen est suffisant pour
enlever à l'argille son acide vitriolique.

Tout ceci prouve donc que l'acide vitriolique est un des principes constituans des argilles, et que cet acide y est prodigieusement adhérent, ce qu'on n'avoit pas même soupçonné avant moi. Toutes ces propriétés des argilles sont communes au sel sédatif : cette espèce de sel est neutre, comme le sont les argilles ; il fait fonction d'acide, il décompose le nitre et le sel marin, comme le font les argilles, il est indécomposable par la violence du feu, par l'alkali fixe, de même que les argilles : il est composé de terre argilleuse et d'un acide, comme le sont les argilles ; il en diffère cependant par d'autres propriétés, comme d'être infiniment plus salin, plus dissoluble dans l'eau, et indécomposable par l'alkali fixe ; au lieu que les argilles le sont lorsqu'elles sont entièrement dissoutes dans de l'eau, comme nous le verrons dans un instant. Ces observations me confirment dans l'idée où j'étois que le sel sédatif est

un sel vitriolique à base de terre vitrifiable, séparé des argilles par le moyen
des graisses, et dans lequel entre aussi
une certaine quantité d'acide de la
graisse, mais dépouillé de toute matière phlogistique surabondante à l'essence saline.

Je vais démontrer présentement que
l'argille est une vraie matière saline,
et qu'elle a les principales propriétés
des sels, mais à des degrés peu sensi-
bles, parce qu'il entre dans sa composition beaucoup plus de terre que n'en
contiennent tous les sels à base terreuse
connus, ce qui rend les argilles infiniment moins dissolubles que tous les
sels dont nous parlons. L'argille doit
même être considérée comme le seul
sel à base terreuse connu, qui ait la propriété d'admettre dans sa composition
toutes sortes de doses de sa terre, sans
que celle de l'acide varie : c'est ce que
nous démontrerons successivement.

J'ai fait bouillir un grand nombre de

fois dans beaucoup d'eau distillée, des argilles blanches et colorées, chacune séparément; j'ai filtré les liqueurs, je les ai quelquefois fait évaporer sur le feu, et dans d'autres circonstances je les laissois s'évaporer d'elles-mêmes à l'air, mais enfermées dans des vaisseaux de verre, couverts d'un papier pour les garantir de la poussière. Par l'évaporation sur le feu, je n'obtenois qu'une espèce de poudre, qui n'avoit aucune apparence de figure régulière, mais par l'évaporation spontanée j'obtenois une matière pulvérulente, dans laquelle on distinguoit de petits crystaux disposés en petites écailles comme le mica. l'eau dans laquelle j'avois fait bouillir l'argille blanche, étoit sans couleur; elle avoit une saveur fade et dure, semblable à celle des eaux des puits de Paris; elle verdissoit le sirop violat à raison de l'excès de terre qui contient la matière saline dont elle étoit chargée.

La décoction de l'argille colorée avoit une légère couleur ambrée; elle a même laissé déposer un peu d'ochre; évaporée des deux manières comme la décoction de l'argille blanche, elle a donné les mêmes résultats, mais dans un degré plus marqué; les crystaux qui se sont formés par une évaporation spontanée, étoient infiniment plus larges et plus semblables au mica, parce que cette argille tient davantage d'acide vitriolique, et qu'elle est plus dans l'état salin.

La saveur que l'argille procure à l'eau, la dissolubilité de cette matière et sa crystallisation, sont, comme on le sait, des propriétés salines et communes à tous ces sels.

Toutes les eaux des grandes rivières qui sont bordées de bancs argilleux, contiennent une semblable sélénite vitrifiable, dont la dose est depuis cinq jusqu'à dix grains par pintes de Paris. On peut l'obtenir en laissant évaporer à l'air libre une certaine quantité de ces eaux dans des vases propres : l'eau peut s'en charger d'une plus grande quantité, et elle s'en charge en effet, lorsqu'on fait bouillir de l'argille dans de l'eau. J'ai tenté, mais inutilement, de dissoudre toute une quantité donnée d'argille dans de l'eau ; il est toujours resté une matière terreuse, sableuse, très-fine, absolument indissoluble, parce qu'elle n'est pas combinée avec de l'acide vitriolique, et par conséquent point dans l'état salin. J'ai filtré les liqueurs, je les ai mêlées, j'y ai ajouté de l'alkali fixe, il s'est fait un précipité terreux fort blanc ; j'ai lavé et séché cette terre ; elle s'est trouvée absolument semblable à celle de l'alun, les liqueurs mises en évaporation, m'ont fourni du tartre vitriolé.

Cette expérience prouve bien l'état salin dans lequel se trouve l'argille lorsqu'elle est ainsi dissoute dans l'eau, elle est débarrassée de toutes matières étrangères à l'essence saline. Dans cette circonstance, elle se prête davantage à sa décomposition par l'alkali fixe, que lorsqu'elle est en masse d'aggrégé : c'est ce que nous avons fait remarquer précédemment.

Examinons présentement la matière terreuse de l'argille, et faisons voir qu'elle est essentiellement la même que celle qui sert de base à l'alun. Quelques chymistes ont déjà avancé cette proposition ; mais ni les uns ni les autres ne nous ont fait connoître la nature de cette terre. On est en droit de leur demander de quelle nature est la terre de l'alun, ou de quelle nature est la terre de l'argille. Quelques chymistes ont même avancé que la terre de l'alun est une véritable argille. Nous croyons que cela n'est pas suffisamment exact. Ce qui constitue essentiellement une argille *est la combinaison de la terre argilleuse avec l'acide vitriolique :* mais la terre séparée de cette combinaison n'est plus de l'argille, c'est la terre propre à former une argille ; je la nomme, à cause de cela, *terre argilleuse*.

L'alun ordinaire est un sel vitriolique à base de terre vitrifiable, composé de parties égales de terre argilleuse et d'acide vitriolique : ce sel est avec excès d'acide, il rougit les couleurs bleues des végétaux, il se dissout facilement dans l'eau et en très-grande quantité. En considérant l'alun sous ce point de vue, il ne paroît pas trop ressembler aux argilles ; mais en l'examinant avec plus d'attention, nous lui trouverons une similitude parfaite.

J'ai précipité par de l'alkali fixe la terre d'une certaine quantité d'alun, je l'ai lavée dans de l'eau bouillante pour la dessaler entièrement, et je l'ai fait sécher ; j'ai trouvé à cette terre toutes les propriétés que j'ai reconnues à celle de l'argille préparée de la même manière. Elle pète au feu, elle a beaucoup de liant, elle se laisse polir lorsqu'on la frotte avec une lame de couteau, elle retient l'eau aussi fortement que celle que j'ai tirée de l'argille par le même procédé, elle résiste à l'action du feu, et ne peut se cuire qu'à un coup de feu excessivement fort ; étant mêlée avec son poids égal de craie, elle ne se convertit point en verre lorsqu'on l'expose au grand feu : il en est de même de la terre séparée de l'argille ; par conséquent ces deux terres sont parfaitement semblables.

J'ai fait bouillir dans une suffisante quantité d'eau, quatre onces de terre d'alun et deux onces d'alun ordinaire : cet alun s'est tellement saturé de terre, que la liqueur n'avoit pas la moindre saveur alumineuse, elle n'avoit, au contraire, que celle des eaux crues des puits de Paris. J'ai filtré la liqueur, et l'ai laissée évaporer à l'air libre ; dans l'espace de quelques mois, j'ai obtenu des crystaux en petites écailles, semblables à ceux produits par les décoctions d'argille, et qui ressembloient à du mica. Ces crystaux se dissolvoient difficilement dans l'eau et en aussi petite quantité, en un mot, je les ai trouvés absolument semblables. J'ai broyé sur le porphyre le marc qui est resté sur le filtre, et je l'ai fait sécher ; il avoit les caractères principaux de l'argille : cette terre en différoit en ce qu'elle avoit moins de liant, qu'elle se laissoit décomposer plus facilement par l'alkali fixe que les argilles naturelles ; l'art en cela ne peut imiter parfaitement la nature, et combiner aussi intimement qu'elle le fait, une petite quantité d'acide vitriolique avec une très-grande dose de terre. Quoi qu'il en soit, il n'est pas moins prouvé par toutes ces expériences, que l'alun est une argille qui contient une assez grande quantité d'acide vitriolique pour la réduire dans un état salin bien caractérisé, et que l'argille est pareillement de l'alun ; mais dont la

dose de terre surpasse tellement celle de
l'acide vitriolique, qu'elle fait dispa-
roître presque entièrement les propriétés salines ; enfin, en ajoutant à l'argille la dose d'acide vitriolique qui lui
manque, on reforme de l'alun. Je m'en
m'en suis assuré par une infinité d'expériences faites sur des argilles blanches et colorées. Je supprime ici le détail de ces expériences, parce qu'on les
trouve dans plusieurs Livres de chymie ; je rapporterai seulement les principaux résultats.

Lorsqu'on dissout l'argille dans de
l'acide vitriolique, il faut l'étendre
dans beaucoup d'eau ; il y a toujours une
matière terreuse qui refuse de se dissoudre ; elle est un sable très-fin, ou
une portion de terre de même nature
que celle de l'argille ; mais qui n'étant
point combinée avec de l'acide vitriolique, refuse de se dissoudre dans cet
acide ; la dissolution filtrée et évaporée convenablement, fournit des

crystaux qui sont de véritable alun.

J'ai mis dans un matras quatre onces d'agille blanche bien séchée et réduite en poudre fine, je l'ai délayée avec douze onces d'eau distillée ; j'ai ajouté à ce mélange six gros d'acide vitriolique très - pur et bien concentré, il ne s'est excité aucune effervescence ; j'ai fait digérer ce mélange pendant deux jours au bain de sable, en ayant soin de l'agiter souvent, ensuite j'ai filtré la liqueur au papier gris : la liqueur a passé très-claire, sans couleur, elle avoit une saveur absolument semblable à celle d'une dissolution d'alun. Je l'ai mise dans un vase de verre, couvert d'un papier pour la mettre à l'abri de la poussière ; par une évaporation spontanée, j'ai obtenu cinq gros de matière saline. La plus grande partie de ce sel étoit disposée en petites écailles, comme du mica blanc, et en avoit le brillant ; une autre portion étoit en petits crystaux régulièrement

crystallisés comme l'alun : tout ce sel
avoit la saveur de l'alun, il boursouffloit
au feu comme lui, et se réduisoit en
alun calciné comme lui.

M. Margraffe, dans un mémoire inséré dans ses opuscules chymiques,
page 98, second volume, édition française, dit avoir fait cette expérience,
et n'avoir jamais eu d'alun, qu'en ajoutant à ces mélanges une petite quantité
d'alkali fixe ; cependant je n'ai point
fait cette addition, et mon expérience
a très-bien réussi.

J'ai lavé dans une très-grande quantité d'eau distillée, le marc qui est resté
sur le filtre ; j'ai filtré la liqueur de
nouveau ; j'ai versé dans cette liqueur
une suffisante quantité d'alkali fixe
pour décomposer le sel terreux qu'elle
tenoit en dissolution, et pour avoir la
terre à part : l'alkali fixe a occasionné
un précipité blanc très-léger, difficile
à se rassembler, qui retenoit fortement
l'eau ; il avoit un liant mucilagineux

comme la terre de l'alun qui est précipitée de la même manière. J'ai lavé cette terre à plusieurs reprises dans beaucoup d'eau, et l'ai fait sécher; il s'en est trouvé un gros et demi.

J'ai fait sécher la terre argilleuse restée sur le filtre, il s'en est trouvé trois onces et demie : c'est donc une demi-once qui s'étoit dissoute, tant par l'acide vitriolique, que par l'eau qui a servi à la laver. Cette argille, après toutes ces opérations, avoit moins de liant, parce que l'acide vitriolique et l'eau ont dissout pendant le lavage la partie la plus fine, et que la partie sableuse qui n'a point de liant, se trouve rassemblée et privée de la partie la plus fine.

Ces expérience prouvent que si l'argille n'est pas entièrement dissoute par l'acide vitriolique; il y en a du moins une partie ; mais voici une expérience qui prouve qu'elle est dissoluble en bien plus grande quantité dans cet acide,

J'ai mis dans une phiole deux onces d'acide vitriolique concentré et très-pur, avec vingt-quatre grains de la même argille ; j'ai fait bouillir ce mélange pendant un quart-d'heure, il ne paroissoit pas que cet acide eût attaqué l'argille, mais je présumois qu'elle devoit se dissoudre au bout d'un long espace de temps. J'ai gardé ce mélange pendant plusieurs années en le remuant de loin en loin : toute l'argille s'est dissoute dans l'espace d'une année, à l'exception d'une très-petite quantité de sable très-fin. Au bout de quatre années, j'ai séparé le dépôt, je l'ai lavé et fait sécher, il s'en est trouvé quatre grains : en l'examinant à la loupe, j'ai reconnu que c'étoit un sable très-fin, il avoit le brillant et la transparence du sable blanc ordinaire, il croquoit, comme lui, sous les dents.

J'ai répété ces expériences sur de l'argille bleue des environs de Paris, qui est celle dont se servent les potiers

de terre. Je l'ai employée à la même
dose de quatre onces sur une once d'a-
cide vitriolique, et douze onces d'eau,
il ne s'est excité aucune effervescence
dans le mélange; après deux jours de
digestion, j'ai filtré la liqueur, elle a
passé très-claire, sans couleur, mais
elle avoit une très-forte saveur alumineuse; par une évaporation spontanée,
elle a formé, comme la précédente,
beaucoup de petits crystaux d'alun,
parmi lesquels il s'est trouvé au fond
du vase un gros crystal très-régulière-
ment formé, et qui étoit de véritable
alun; la totalité de ce sel pesoit une
once.

J'ai lavé la terre restée sur le filtre
dans une grande quantité d'eau, pour
emporter toute la matière saline dont
elle étoit imprégnée; j'ai filtré la liqueur, et j'ai ajouté de l'alkali fixe
pour faire précipiter la terre, il s'est
formé un précipité blanc comme dans
l'expérience précédente, mais qui a

jauni par le contact de l'air, et qui a jauni encore davantage après le lavage et pendant la dessication ; il s'en est trouvé trois gros. Cette couleur lui vient du fer que cette argille contient, qui s'est rouillé et réduit en safran de mars.

L'argille qui ne s'est poit dissoute, pesoit deux onces trois gros et demi après avoir été bien séchée : c'est par conséquent une once quatre gros et demi d'argille qui s'est dissoute dans l'acide vitriolique et dans l'eau : cette argille avoit perdu sensiblement de son liant.

J'ai pareillement traité les deux mêmes argilles blanche et bleue, avec de l'acide nitreux. J'ai essayé d'en dissoudre toute une quantité donnée dans cet acide ; mais ce n'a été qu'au bout de plusieurs années que sa dissolution a été complète, encore est-il resté une petite quantité de matière sableuse indissoluble ; j'ai ensuite procédé aux

expériences suivantes. J'ai mis dans
des matras séparément, quatre onces
de chacune de ces argilles bien séchées,
réduites en poudre fine, avec une once
de bon acide nitreux, et douze onces
d'eau distillée, j'ai fait digérer ces
mélanges au bain de sable pendant deux
jours; il ne s'est excité aucun mouvement d'effervescence, ni pendant le
mélange, ni pendant le temps de la digestion. J'ai filtré les liqueurs chacune
séparément: celle de l'argille blanche
a passé très-claire, sans couleur; celle
de l'argille bleue avoit une forte couleur
orangée très-foncée : l'une et l'autre
avoient une saveur alumineuse; celle
de l'argille bleue tiroit un peu sur la
saveur du vitriol de mars; elle a aussi
laissé déposer dans l'espace de vingt-
quatre heures, une matière terreuse
d'un blanc jaunâtre. Cette liqueur a
fourni, par une évaporation spontanée, d'abord une gelée jaune couverte
d'une pellicule de la même couleur,

qui s'est desséchée complètement, et réduite en une matière jaune de saveur vitriolique et alumineuse, pesant deux gros, dans laquelle il s'est trouvé quelques petits crystaux de véritable alun, et qui en avoient toutes les propriétés. La liqueur de l'argille blanche s'est réduite à trois gros, elle est devenue d'une couleur semblable à une dissolution de vitriol de mars, elle avoit une consistance sirupeuse, et n'a point fourni de crystaux : sa saveur étoit stiptique et fort astringente.

J'ai lavé la terre restée sur les filtres de l'une et de l'autre expérience dans une grande quantité d'eau distillée, celle provenant de l'argille blanche a filtré très-claire, sans couleur; j'ai versé dessus une suffisante quantité d'alkali fixe, il a fait précipiter une terre blanche, qui, lavée et séchée, pesoit un gros et demi, l'argille restante après toutes ces opérations, pesoit, après avoir été bien séchée, trois onces quatre gros et demi.

J'ai pareillement lavé la terre de l'argille bleue dans beaucoup d'eau distillée, et j'ai filtré la liqueur : elle a passé claire, sans couleur : mais dans l'espace de deux heures, elle est devenue d'une couleur jaune orangé, elle s'est troublée, et elle a déposé une terre de la même couleur, qui étoit de l'ochre, je ne l'ai point séparé ; j'ai précipité par de l'alkali fixe la terre tenue en dissolution dans cette liqueur, j'ai lavé la terre précipitée dans une suffisante quantité d'eau, je l'ai fait sécher, il s'en est trouvé un gros : elle est d'une couleur de cannelle, à cause du fer qu'elle contient, qui s'est réduit en ochre. L'argille bleue de toutes ces opérations, rassemblée et séchée, pesoit trois onces demi-gros : elle avoit perdu considérablement de sa couleur.

J'ai également cherché à connoître les propriétés de l'acide marin sur les argilles. J'ai mis dans des matras quatre onces d'argille blanche et bleue, chacune séparément, avec dix-huit gros d'acide marin ordinaire, et douze onces d'eau distillée, j'ai fait digérer comme dans les expériences précédentes, et j'ai filtré les liqueurs au bout de deux jours. Les liqueurs avoient une saveur alumineuse très-forte, elles étoient sans couleur, mais dans l'espace de quatre mois, c'est-à-dire, après qu'elles se sont réduites à un petit volume par l'évaporation, elles ont acquis l'une et l'autre une belle couleur de dissolution d'or, la liqueur de l'argille blanche n'a formé aucun crystal, elle s'est épaissie considérablement, et faisoit de l'encre avec de la noix de galle, à cause de la petite quantité de fer qu'elle contenoit.

La liqueur de l'argille bleue, a formé douze grains de sélénite vitrifiable sans couleur et sans saveur, la liqueur s'est épaissie de plus en plus, et a laissé déposer beaucoup d'ochre de couleur jaune orangé.

J'ai lavé les terres restées sur les filtres, et j'ai pareillement filtré les liqueurs et précipité par de l'alkali fixe la terre qu'elles tenoient en dissolution ; j'en ai tiré un gros et demi des lotions de l'argille blanche, et un gros dix-huit grains des lotions de l'argille bleue.

Il est enfin resté d'indissoluble, savoir, trois onces cinq gros vingt-quatre grains d'argille blanche, et trois onces deux gros et demi de l'argille bleue.

Quoique les acides végétaux n'aient pas beaucoup d'action sur les terres vitrifiables, j'ai cru néanmoins ne devoir point négliger d'essayer de combiner les argilles avec le vinaigre distillé.

J'ai mêlé dans un matras quatre onces d'argille blanche et huit onces de vinaigre distillé ; il ne s'est excité aucune effervescence ; j'ai fait digérer ce

mélange pendant huit jours, j'ai filtré
la liqueur, elle a passé claire, sans couleur, n'ayant point d'autre saveur que
celle du vinaigre distillé pur : j'ai laissé
la liqueur s'évaporer à l'air dans un
vase de verre couvert d'un papier pour
la garantir de la poussière, elle a formé
vingt-quatre grains de sel terreux semblable à celui qu'on forme avec la craie
et le vinaigre distillé ; il avoit seulement un peu moins de saveur amère,
il étoit d'une légère couleur rousse,
à cause du peu de fer qu'il contenoit.

J'ai lavé le marc resté sur le filtre,
comme dans les expériences précédentes ; j'ai filtré la liqueur, et par le
moyen de l'alkali fixe, j'en ai précipité
la terre blanche ; cette terre est toute
calcaire, elle se dissout dans les acides
avec vive effervescence, et se convertit en chaux vive par la calcination ; il
est resté enfin trois onces cinq gros
cinquante grains d'argille qui ne paroît

point différer de ce qu'elle étoit auparavant.

De l'argille bleue des potiers a été traitée de la même manière avec du vinaigre distillé, et aux mêmes doses; la liqueur filtrée m'a fourni par une évaporation spontanée, vingt-quatre grains de sel calcaire acéteux, crystallisé en petites aiguilles soyeuses, mais sali par beaucoup d'ochre jaune qui s'est déposé. Ce sel a une saveur chaude aussi âcre que celui de craie et de vinaigre, il a rongé les papiers dans lesquels je l'avois enveloppé.

J'ai pareillement lavé la terre, j'ai filtré la liqueur et l'ai précipitée par de l'alkali fixe, j'ai obtenu cinquante grains de terre calcaire jaune à cause de l'ochre qui s'est déposé avec elle. Il en est resté enfin deux onces six gros et demi d'argille après toutes ces opérations.

Mon objet étoit de comparer les argilles avec la terre de l'alun, afin de m'assurer si les terres de l'une et de l'autre sont essentiellement de même espèce.

J'ai répété avec de la terre de l'alun toutes les expériences de dissolutions dans les acides dont je viens de parler ; j'ai observé exactement les mêmes phénomènes ; je supprime ici les détails, parce que cela ne feroit qu'une répétition de ce qui vient d'être dit. Je remarquerai seulement que la terre de l'alun qui a été séchée, est tout aussi difficile à se dissoudre dans les acides que le sont les argilles, et qu'au contraire elle est dissoute sur le champ lorsqu'on la présente à ces mêmes acides, tandis qu'elle est encore en bouillie, parce que dans ce dernier état les molécules de terre ne se sont pas encore aglutinées, et qu'elles présentent plus de surface.

J'ai pareillement comparé la terre de l'alun avec les précipités d'argilles obtenus des dissolutions dans les acide et précipités par l'alkali fixe; j'ai remarqué que ceux provenans des dissolutions faites par les acides vitrioliques et marins étoient absolument semblables à la terre de l'alun, et qu'ils formoient de l'alun en combinant de nouveau ces précipités avec de l'acide vitriolique. M. Margraff, dans ses Opuscules chymiques, édition française, deuxième vol. p. 94, dit avoir eu quelque chose qui avoit du rapport avec de véritable alun; et quelques pages plus loin il dit n'avoir jamais pu former de l'alun, en combinant ensemble de la terre de l'alun avec de l'acide vitriolique: il a toujours été obligé d'ajouter une certaine quantité d'alkali fixe. Mais à la page 101, il dit cependant: « Je ne » voudrois pourtant pas nier que la » chose fût absolument impossible à la » faveur de quelques circonstances ul- » térieures ». Je pense que si M. Margraff n'a point eu dans ces expériences des crystaux de véritable alun, cela

vient des proportions de terre et d'acide
qui se sont trouvés dans ses mélanges.
J'ai observé que l'alun admet toutes
sortes de doses de sa terre, sans que
celle de l'acide vitriolique varie, et les
espèces de sel qui résultent de ces mélanges ont des propriétés d'autant moins
salines, qu'elles contiennent davantage
de terre. A l'égard des précipités obtenus des dissolutions de ces terres par
les acides nitreux et végétaux, ils
étoient presque purement calcaires,
parce que ces acides dissolvent difficilement les terres vitrifiables.

J'ai fait encore une infinité d'autres
expériences sur ces différentes terres
tirées des argilles et de l'alun, je les ai
combinées avec les acides végétaux,
tels que le vinaigre distillé et la crême
de tartre ; mais comme de ces expériences on ne peut rien conclure de
plus que ce que j'ai dit jusqu'à présent, je supprime ces détails qui seroient trop longs ici, me réservant à

en faire usage dans une autre occasion.

Il résulte de toutes les expériences que je viens de rapporter, que les principes constitutifs des argilles, sont l'acide vitriolique et une terre semblable à celle de l'alun. Pour compléter la solution de la première question, il me reste à prouver que cette terre est de nature vitrifiable, et qu'elle est de même espèce, de même nature que les sables, les quartz, et les autres pierres vitrifiables pures ou à-peu-près pures.

J'ai tenté, mais inutilement, de dissoudre des pierres et des terres vitrifiables bien broyées dans les acides minéraux; néanmoins j'étois bien persuadé que l'invincible résistance qu'elles opposoient ne pouvoit provenir que de l'insuffisance des moyens mécaniques qui ne sont pas assez puissans pour diviser ces terres convenablement. Il m'est arrivé plusieurs fois de faire digérer et même bouillir sur du sable

bien broyé, un mélange de parties
égales d'huile de vitriol et d'eau distillée, et d'avoir obtenu beaucoup de
crystaux en lames semblables à du sel
sédatif, ce qui m'avoit d'abord fait
croire qu'il s'étoit dissout une partie
du sable; mais je n'ai pas tardé à revenir de cette erreur en examinant le
sable, j'ai trouvé qu'il n'étoit pas diminué de son poids; j'ai ensuite examiné l'espèce d'acide vitriolique que
j'avois employé, j'ai reconnu que lui
seul, sans l'addition de sable, fournis-
soit de semblables crystaux. Presque
tout l'acide vitriolique qui est dans le
commerce, contient une certaine quantité de terre en dissolution : lorsque
cet acide est concentré, il ne se fait pas
de crystallisation, mais lorsqu'on le
mêle avec son poids égal d'eau, on obtient des crystaux dont nous venons de
parler, qui sont un sel alumineux et
séléniteux.

Afin d'avoir du sable dans l'état de

division convenable, et pour qu'il pût se prêter aux dissolutions que je voulois en faire; j'eus recours au *liquor silicum* : par son moyen je suis parvenu à diviser les pierres et les terres vitrifiables au point où il convient qu'elles soient pour se dissoudre dans les acides : voici le procédé du *liquor silicum*. J'ai mêlé ensemble huit onces de sablon blanc bien broyé avec deux livres d'alkali fixe très-pur, j'ai fait fondre ce mélange dans un creuset au grand feu, en prenant garde que la matière ne passât par-dessus les bords du creuset, comme cela arrive assez ordinairement à l'instant de la fusion, lorsqu'on n'y prend pas garde ; la matière étant bien fondue, je l'ai coulée dans un mortier de fer, je l'ai fait dissoudre dans de l'eau, j'ai filtré la liqueur, elle a passé claire presque sans couleur : cette liqueur est alkaline, elle tient du sable en dissolution. J'ai versé dans cette liqueur une suffisante quantité d'acide vitriolique

pour saturer l'alkali fixe et faire précipiter la terre. J'ai rassemblé cette terre
sur un filtre, je l'ai lavée à plusieurs
reprises dans de l'eau bouillante pour
la dessaler entièrement; par ce moyen,
je me suis procuré du sable dans un
état de division extrême, tel qu'on ne
peut l'obtenir par les moyens purement
mécaniques.

J'ai mis dans un matras une certaine
quantité de ce sable ainsi préparé, et
tandis qu'il étoit encore en bouillie,
c'est-à-dire, avant qu'il fût sec ( lorsqu'il est sec, il est infiniment moins dissoluble ), j'ai versé par-dessus de l'a-
cide vitriolique affoibli, j'ai fait digérer ce mélange au bain de sable, la
terre s'est dissoute sans effervescence ;
au bout de vingt-quatre heures, j'ai
goûté la dissolutiont, et je lui ai trouvé
nne forte saveur d'alun ; j'ai filtré la
liqueur et l'ai laissée évaporer à l'air libre ; elle a formé dans l'espace de six
semaines de très-baux crystaux d'alun,

# SECONDE QUESTION.

*Des changemens naturéls que les argilles éprouvent.*

Nous n'entendons parler ici que des altérations que la nature opère d'une manière insensible sur les argilles qui restent en place, et non de celles qu'elle occasionne aux argilles qu'elle transporte par le moyen des eaux, des vents, ou qui sont exposées au feu souterrain des volcans, &c. On ne présume pas que l'académie ait eu en vue qu'on traitât des altérations que les argilles éprouvent par ces grandes opérations de la nature ; d'ailleurs, chacune de ces causes exigeroit des dissertations particulières qui seroient d'une trop grande étendue pour l'objet qu'elle semble se proposer.

H

Nous considérerons seulement sous trois points de vue généraux les changemens naturels que les argilles éprouvent, savoir :

1°. Les changemens qu'elles éprouvent par le laps de temps, qui les dénature un peu sans presque les changer de forme.

2°. Les changemens qu'elles reçoivent par le laps de temps, qui les dénature et leur donne de nouvelles formes, en produisant de nouveaux corps naturels dans lesquels on ne reconnoît plus les propriétés argilleuses.

3°. Enfin, les changemens qu'elles reçoivent en passant dans le végétal, et ensuite les nouvelles altérations qu'elles éprouvent encore en passant du végétal dans le corps animal.

Le laps de temps agit sur les argilles d'une manière presque insensible, il combine certaines substances qui se trouvent dans les argilles ; telles sont des matières métalliques et du phlogistique ; par le temps il se forme des pyrites, du soufre, de l'alun, et des vitriols. Toutes ces matières sont formées sans que le fonds de l'argille en paroisse altéré. Nous avons suffisamment établi l'existence de ces matières étrangères dans les argilles, à l'exception du phlogistique, sur lequel il est bon que nous disions un mot.

Lorsqu'on fait chauffer des argilles dans des cornues, elles fournissent par la distillation une liqueur aqueuse, qui a plus ou moins d'odeur empireumatique, et quelquefois sulphureuse. Quelques naturalistes prétendent même avoir tiré une matière vraiment huileuse ; cela indique alors une argille bien impure. Dans les environs d'un terrein argilleux de cette espèce, on trouve assez ordinairement quelques écoulemens d'huile de Pétrole.

Les argilles retiennent le principe phlogistique avec assez d'opiniâtreté, on ne peut le leur enlever par la calci-

nation qu'en les faisant rougir lente-
ment, car lorsqu'on les expose brusquement à un degré de chaleur capable
de les ramollir, elles enferment dans
leur intérieur ce principe inflammable,
au point qu'il n'est plus possible de les
en dépouiller qu'en les réduisant en
poudre, et les exposant de nouveau
pendant long-temps à un feu bien su-
périeur à celui qu'elles ont éprouvé
d'abord ; c'est par cette raison qu'on
est obligé de faire cuire à un feu lent
qu'on augmente peu à peu, la porcelaine et les autres poteries qu'on veut
avoir avec leur plus grand blanc.

C'est à ce principe phlogistique, et
à sa grande adhérence dans les argilles,
qu'on doit attribuer la plupart des altérations dont nous parlons. Ce principe
phlogistique se combine à une portion
de l'acide vitriolique de l'argille et
forme du soufre. Ce soufre se combine
ensuite avec les matières métalliques
répandues dans les argilles, et produit

des pyrites. Dans d'autres circonstances les pyrites se décomposent, elles forment de l'alun, des vitriols et des sélénités. Peut-être, et je serois assez porté à le croire, que la nature combine directement le principe inflammable avec la terre argilleuse, et en forme des métaux. Toutes les expériences de la chymie tendent à faire reconnoître au moins que ces deux principes (la terre vitrifiable et le phlogistique) entrent dans la composition des matières métalliques ; il paroît que la nature se réserve les moyens qu'elle emploie pour opérer ces merveilles, du moins jusqu'à présent on n'est pas encore parvenu à former un métal, en combinant une terre quelconque avec du phlogistique.

L'argille qui éprouve les altérations dont nous parlons, perd de sa couleur, parce que son phlogistique se combine avec d'autres corps, et se détruit même en partie ; il ne lui faut que du temps pour devenir parfaitement blanche, elle ne conserve enfin que les couleurs qui lui sont fournies par les matières métalliques qui sont infiniment plus longues à se détruire complètement.

Tous ces changemens peuvent être considérés comme les avant-coureurs des plus grandes altérations dont les argilles sont susceptibles. Lorsqu'elles commencent à blanchir par le laps du temps, elles perdent de leur finesse et de leur liant, elles deviennent moins douces au toucher, leurs molécules s'aglutinent, elles forment des matières terreuses, sableuses, des micas colorés ou sans couleurs, suivant les circonstances, et à proportion des matières phlogistiques et métalliques qui se rencontrent dans le temps que ces altérations ont lieu. On trouve dans les cabinets des échantillons de toutes ces matières, qui constatent ces différens états par où passent les argilles.

Il y a peu d'argilles blanches sans

mica, elles sont moins liantes que les autres; elles contiennent toutes moins d'acide vitriolique; je pense même que les argilles blanches, qui ne contiennent point de mica, sont blanchies de nouvelle date : il ne leur faut que du temps pour arriver dans le même état, c'est-à-dire, devenir plus blanches en perdant de leur finesse et de leur liant, et produire du mica. Enfin les talcs, les amianthes, les craies de Briançon, sont autant de corps naturels qui doivent leur origine aux argilles qui ont subi de plus grandes altérations. On ne découvre plus aucun vestige d'acide vitriolique dans la plupart de ces corps, je m'en suis assuré par une infinité d'expériences, qu'il seroit trop long de rapporter ici.

J'ai constaté par une longue suite d'expériences, quelques principes généraux sur les affinités des terres dissoutes dans les acides. Il est résulté de mon travail, que la chaux vive et l'eau

de chaux décomposent l'alun et tous les
sels à base terreuse et vitrifiable. J'ai
trouvé la même propriété dans les terres
calcaires, c'est-à-dire, que la terre
vitrifiable est précipitée par l'une ou
par l'autre de ces substances. Il résulte
de ces observations que, lorsqu'on répand de la chaux ou de la craie sur un
terrein argilleux, il se fait nécessairement une décomposition de l'argille ;
la terre calcaire s'empare de l'acide
vitriolique, forme du gypse ou plâtre,
et la terre vitrifiable reste libre.

Enfin, nous avons dit qu'on devroit
mettre au rang des changemens naturels que les argilles éprouvent, ceux
qui leur arrivent en passant dans les
végétaux, et ensuite les nouvelles altérations qu'elles reçoivent encore en
passant du végétal dans le corps animal.
La solution de cette dernière question
fera voir que l'argille seule est le fond
de la végétation et celui de la constitu-
tion animale.

La surface des terreins cultivés est un mélange d'argille, de terre calcaire, de sable, de gravier, de la terre provenant de la destruction des végétaux et des animaux. Ce sont-là les différentes matières terreuses que j'ai séparées par l'analyse de plusieurs terres labourables ; il doit paroître d'abord difficile de savoir si toutes ces terres sont nécessaires à la végétation, et si elles entrent toutes dans la composition des végétaux, ou s'il n'y en a qu'une seule espèce. Dans ce cas, quelle est cette espèce, et à quoi servent les autres, si elles n'entrent pour rien dans la substance du végétal. Je pense qu'on ne peut répondre à ces nouvelles questions, qu'en suivant la marche de la nature, et en l'examinant dans tous les degrés de ses opérations ; ainsi c'est dans le végétal même qu'il faut chercher l'espèce de terre qui est propre à la végétation, et dans le corps animal les altérations qu'elle subit. Je

me suis procuré , chacune séparément,
la cendre de plusieurs végétaux , telles
que du bois de hêtre, du bois de chêne ,
de l'absynthe , de la centaurée , de la
lavande. En préparant ces cendres ,
j'ai pris toutes les précautions convenables pour qu'elles ne fussent point
aliérées par des matières étrangères ;
je les ai lavées dans une grande quantité d'eau , afin de les débarrasser de
tous les sels qu'elles pouvoient contenir ; j'en ai pareillement séparé par le
moyen d'un tamis, la matière charbon-
neuse. J'ai fait sur ces différentes terres
les expériences suivantes.

J'ai fait dissoudre de toutes ces terres,
chacune séparément , dans tous les acides minéraux et végétaux : toutes ces
terres se sont dissoutes avec chaleur et
effervescence ; j'ai filtré les dissolutions , elles avoient un peu de couleur ,
je les ai laissées évaporer à l'air libre ,
dans l'espace de quelques mois elles ont
fourni les produits suivans.

Celles qui ont été dissoutes dans l'acide vitriolique, ont donné de l'alun mêlé de plusieurs crystaux de sélénite ; mais cette sélénite est un peu différente de celle qui est formée avec une terre calcaire pure unie à l'acide vitriolique. Celles qui ont été dissoutes par l'acide nitreux ont formé quelques crystaux fort astringens mêlés dans une matière mucilagineuse : ce mélange étoit surnagé par une liqueur qui étoit du nitre à base terreuse calcaire.

Les dissolutions de ces mêmes terres faites par l'acide marin, ont fourni des crystaux fort astringens, semblables à ceux qu'on obtient de l'union de la terre de l'alun avec ce même acide ; il est pareillement resté une liqueur qui étoit du sel marin à base terreuse.

Ces expériences prouvent donc que la terre argilleuse est celle qui fait partie des végétaux, et qu'en passant dans le végétal, elle souffre des altérations considérables. Elle se combine tellement avec les principes aqueux et huileux, qu'elle se rapproche de plus en plus de la nature des terres calcaires; néanmoins elle est encore fort éloignée de ce dernier caractère; puisque par la calcination il est impossible de faire de la chaux avec la portion de cette terre qui a formé de la sélénite. Je m'en suis assuré par l'expérience suivante : j'ai fait digérer une certaine quantité de ces cendres dans du vinaigre distillé ; par ce moyen, j'en ai séparé la partie la plus dissoluble, j'ai filtré la liqueur, je l'ai laissée évaporer à l'air libre, elle a formé des crystaux à-peu-près semblebles à ceux qu'on obtient de la combinaison des terres calcaires avec ce même acide végétal.

J'ai mis ensuite ce sel en distillation dans une cornue : j'ai obtenu une liqueur spiritueuse chargée de beaucoup d'éther acéteux, et que j'ai séparé par une rectification. J'ai fait calciner cette terre dans un creuset et à grand feu, elle ne s'est jamais convertie en chaux vive. On auroit tort de croire que les opérations que cette terre a subies auroient changé quelque chose de son caractère spécifique. J'ai répété plusieurs fois ces expériences sur de la terre calcaire, et j'ai pareillement calciné dans un creuset la terre restée dans la cornue après en avoir tiré la liqueur éthérée : cette terre s'est toujours constamment convertie en chaux vive.

La terre argilleuse, en passant du végétal dans le corps amimal, éprouve encore de bien plus grandes altérations, sans cependant changer complètement de nature ; je prendrai pour exemple les parties solides des animaux, telles que la corne de cerf et les os d'autres animaux granivores, ayant trouvé quelques différences dans ces mêmes parties solides provenantes des animaux carnaciers.

Les parties solides des animaux, sont, comme on sait, composées d'huile,

I

d'eau, de sel, de terre : cette dernière substance fait la moitié du poids des autres matières, une partie de la terre est tellement divisée et combinée avec les autres substances, qu'elle est dans un état de dissolution : c'est elle qui forme le mucilage que l'on tire des matières osseuses par la décoction.

Il y a quatre moyens que l'on peut employer pour se procurer la terre des matières animales dont nous parlons. Ils consistent tous à débarrasser cette substance terreuse d'avec la matière mucilagineuse.

Ces moyens sont :

1°. La putréfaction qui dénature toutes les matières, à l'exception de la terre.

2°. Le grand lavage dans l'eau bouillante, qui dissout la matière mucilagineuse, laquelle donne aux os toute la solidité qu'on leur connoît, en tenant collées les unes aux autres les molécules de terre.

3°. La calcination qui détruit et volatilise tout ce qui peut être volatilisé.

4°. Enfin la dissolution de la matière terreuse, par le moyen des acides qui touchent peu ou point du tout à la matière gélatineuse. Ces différens moyens ne fournissent pas la terre dans le même état, ni avec le même degré de pureté. La matière mucilagineuse est tellement combinée, que la putréfaction ne peut la détruire complètement, peut-être même dans l'espace de plusieurs siècles.

J'ai distillé à Paris des os du cimetière des Innocens, ainsi que de la terre du même cimetière; j'avois fait choix des morceaux d'os qui me paroissoient les plus anciens, ils étoient criblés de trous et sans consistance, j'ai lavé la terre avant de la distiller. Ces matières m'ont fourni, par la distillation, de l'eau, du sel volatil et de l'huile, à la vérité dans des proportions infiniment moindres, que lorsqu'on distille

ces matières dans leur état de fraîcheur.

Le lavage dans l'eau ne dissout pas
complètement la matière gélatineuse
des os ; j'ai fait bouillir pendant quinze
jours une certaine quantité de corne
de cerf rapée dans une très - grande
quantité d'eau, je changeois d'eau quatre fois par jour ; après ce grand lavage, je m'avisai de soumettre à la distillation une partie de cette terre, j'ob-
tins encore un peu de produits huileux
et salins, tels qu'on les tire de la corne
de cerf récente : ce qui est resté dans
la cornue étoit noir et charbonneux.

La calcination long-temps continuée
détruit complètement tout ce qui est
étranger à la terre animale, elle rend
en même temps cette espèce de terre
moins dissoluble dans les acides ; il paroît même que l'action du feu la ramène
de plus en plus à son caractère argilleux, qui est celui de son origine.

La terre qu'on a séparée des os par

le moyen des acides, paroît être celle
qui est la plus pure, et qui a souffert le
moins d'altération; elle paroît participer
davantage des caractères de la terre calcaire. Cette terre séparée des acides, se
dissout de nouveau avec vive effervescence, mais elle ne fait point de chaux
vive par la calcination, non plus que
celles qui sont séparées par les différens moyens dont nous venons de parler.

Quoi qu'il en soit, toutes ces terres
animales calcinées ou non calcinées,
dissoutes par l'acide vitriolique, ont
toutes formé de l'alun, mêlé à la vérité
parmi beaucoup de crystaux aiguillés
qui étoient de la sélénite, laquelle diffère de la sélénite ordinaire qui a pour
base une terre calcaire pure, en ce
qu'elle est plus dissoluble dans l'eau,
et que la terre que j'en ai séparée par
l'alkali fixe, ne s'est jamais convertie
en chaux vive.

Il résulte de ces expériences, que la

terre des os n'est plus une terre argilleuse, aussi bien caractérisée que l'est
celle des végétaux ; qu'elle a quelque
caractère analogue aux terres calcaires,
mais qu'elle est très éloignée de la nature de ce genre de terre. Elle tient en
quelque manière le milieu entre les
terres argilleuses et les terres calcaires
proprement dites. Les différentes éla-
borations que la terre végétale a subies
en s'assimilant au corps animal, l'ont
tellement combinée avec le principe
aqueux et avec le principe huileux ou
phlogistique, qu'elle tend à devenir
calcaire. Je me propose même de démontrer, dans une autre occasion, que
ce qui distingue particulièrement les
terres calcaires d'avec les autres terres,
ne vient que de l'eau et du phlogistique,
qui deviennent principes constituans
de ce genre de pierres ; je suis même
parvenu à donner aux terres calcaires
quelques-uns des caractères des terres
argilleuses en leur enlevant l'eau et le

phlogistique ; mais la nature plus in-
dustrieuse dans ses opérations, fait
tous les jours ces changemens bien
complets d'une terre en une autre :
quand il n'y auroit que ceux qui sont
produits par les végétaux qui se pour-
rissent dans l'intérieur de la terre, ils
y laissent une terre argilleuse, déjà
sensiblement dénaturée.

J'ai dit en plusieurs endroits de ce Mémoire, que les argilles et les terres calcaires mêlées ensemble et exposées à la
violence du feu, entroient en fusion, et
se convertissoient en verre ; c'est un des
beaux phénomènes chymiques qui a été
découvert par M. Pott ; mais cet habile
chymiste n'en donne aucune explication. Je vais tâcher de l'expliquer ; la
théorie que je me suis formée sur cette
matière, fera voir au moins la nécessité
de distinguer l'argille d'avec la substance terreuse qui lui sert de base ; et
privée d'acide vitriolique, nous verrons que cette même terre, prise dans

ses deux états, a des propriétés différentes.

M. Pott a établi quatre espèces de
terre ; savoir, la terre argilleuse, la
terre gypseuse, la terre vitrifiable, et
la terre calcaire. Sans vouloir entrer
ici en discussion sur la nature des quatre espèces de terres de M. Pott, nous
ferons remarquer seulement qu'on peut
les réduire à deux, puisque, comme je
l'ai démontré, l'argille n'est pas une
matière terreuse pure, c'est un sel vitriolique à base de terre vitrifiable. Il
en est de même de sa terre gypseuse :
c'est l'union de la terre calcaire avec
l'acide vitriolique : c'est par conséquent un sel vitriolique à base de terre
calcaire. Quoi qu'il en soit, ces quatre
substances exposées à l'action du feu,
n'entrent point en fusion tant qu'elles
sont seules. Il en est de même des mélanges d'argille et de sable, et de ceux
de gypse et de craie, qui n'entrent
point non plus en fusion. Ceux de craie

et de sable, et ceux de gypse et de sable, commencent à s'aglutiner et à prendre un peu de corps; mais ceux d'argille et de craie, ou ceux d'argille et de gypse, entrent en véritable fusion, et se convertissent en un verre net et transparent qui se trouve avoir assez de solidité et de dureté pour faire feu lorsqu'on le frappe contre de l'acier. J'attribue cette fusibilité à trois causes ; 1°. à l'acide vitriolique contenu dans les matières qui sont mises en jeu ; 2°. à la matière saline alkaline qui se forme pendant la calcination de la pierre calcaire ; 3°. à un principe de fusibilité contenu dans toutes les pierres et terres vitrifiables, mais qu'elles peuvent perdre par une trop grande violence du feu: c'est ce que je vais tâcher de démontrer.

J'ai exposé plusieurs fois à un même degré de chaleur des mélanges de craie et de terre séparés des dissolutions d'argille par l'alkali fixe, et pareillement des mélanges semblables de terre de l'alun et de terre calcaire : aucun de ces mélanges n'est entré en fusion, et n'a pas même pris un peu de corps ; ils sont tous restés poreux et friables. Tous ces mélanges étoient faits à parties égales de ces deux terres, et au poids de deux gros de chaque.

J'ai répété ces expériences, et j'ai ajouté à chacun des mélanges faits au même poids, deux gros d'alun calciné ; je les ai ensuite exposés à la violence du feu, ils ont tous entré en fusion, et ont formé des masses vitreuses, transparentes, blanches et laiteuses, mais aucun n'a formé de verre parfait ; néanmoins il résulte évidemment que c'est à l'acide vitriolique qu'on doit attribuer le commencement de fusion qui est arrivé à tous ces mélanges. J'ai remarqué que le mélange de gypse et d'argille entre en fusion beaucoup plus facilement que celui de craie ou d'argille, il produit aussi une effervescence qui est si considérable, que la matière passe toujours par-dessus les bords du creuset ; ainsi l'acide vitriolique entre donc pour quelque chose dans la fusion des terres l'une par l'autre. La terre argilleuse privée d'acide vitriolique, a donc des propriétés différentes de l'argille, puisqu'elle est infiniment moins fusible avec de la terre calcaire.

La seconde cause à laquelle j'attribue cette fusibilité des terres, l'une par l'autre, vient de la formation d'une certaine quantité de matière saline alkaline, laquelle se forme pendant la calcination de la terre calcaire, en se réduisant en chaux vive, elle devient le fondant de la terre vitrifiable, l'oblige d'entrer en fusion, et entraîne la vitrification de la portion de terre calcaire qui n'est point devenue saline. J'ai observé qu'il faut en général une bien petite quantité de matière saline pour faire entrer la terre vitrifiable en fusion, comme on va le voir par l'expérience suivante.

J'ai exposé au grand feu un mélange de partie égale de sable broyé et de craie ; ce mélange n'a point fondu, mais la terre calcaire s'est réduite en chaux vive ; j'ai exposé ce mélange à l'air pendant quelque temps, la chaux s'est chargée de l'humidité de l'air, comme elle a coutume de faire, et elle s'est réduite en poudre. Alors j'ai exposé de nouveau ce mélange à l'action du feu, il est entré en fusion, et il a formé une matière tuméfiée, poreuse, demi-transparente, et qui n'a plus attiré l'humidité de l'air. On ne peut attribuer cet effet à autre chose, sinon qu'à une addition de matière saline ; laquelle s'est formée pendant la seconde calcination, elle s'est alors trouvée en dose suffisante pour entraîner la fusion du sable. Je me crois d'autant mieux fondé à penser ainsi, que je suis parvenu à mettre en semblable fusion, et d'un seul feu, de pareil sable que j'avois mêlé avec son

poids égal de pellicules de chaux :
ce verre, à la vérité, étoit semblable
au précédent, il n'avoit ni la beauté,
ni la transparence d'un verre parfait,
mais il étoit suffisamment bien fondu,
pour me faire penser que la matière saline qui se forme pendant la calcination
de la terre calcaire, entre pour beaucoup dans cette fusibilité des terres ;
ainsi la matière saline qui se forme
pendant la calcination de la terre calcaire, et l'acide vitriolique contenu
dans les argilles, sont donc les deux
causes auxquelles j'attribue la fusibilité des terres l'une par l'autre,
et il faut le concours de ces deux
substances en même temps pour obtenir des verres parfaits, puisque l'une
sans l'autre ne forme que des demi-
vitrifications.

Pour revenir à la troisième cause de
fusibilité dont j'ai parlé, je vais rapporter une expérience que j'ai faite
plusieurs fois, et que quelques per-

sonnes pourroient faire aussi, et l'op-
poser à mon sentiment. J'ai tenté, mais
inutilement, de fondre un mélange
de partie égale de terre d'alun et de
gypse ; ce mélange est toujours resté
sec et friable : on pourroit m'objecter
qu'il y a dans ce mélange de l'acide
vitriolique, et qu'il auroit dû au moins
former une matière vitriforme. Or,
cela n'est point arrivé ; donc, pourroit-
on conclure, il y a une différence entre
la terre de l'alun et les autres terres vitrifiables, comme le pense M. Margraff,
page 111 de ses Opuscules, deuxième
volume, où il dit : *La terre de l'alun
est une terre particulière séparée de la
terre argilleuse.* Cette objection paroît
très-forte, sur-tout jointe au sentiment
de M. Margraff, qui vient à l'appui ;
mais je crois qu'il m'est facile d'y répondre, et de donner une solution sa-
tisfaisante.

Le sable séparé du *liquor silicum* par
le moyen des acides, comme nous l'a-

vons dit précédemment, traité de même à partie égale avec le gypse, ne forme plus une matière vitriforme, comme le fait le sable qui n'a point subi toutes ces opérations. Doit-on en conclure pour cela que le sable tiré du *liquor silicum*, est une terre particulière séparée du sable? D'où viennent donc ces différences? elles viennent de deux causes; 1°. de l'extrême division des parties; 2°. d'un principe de fusibilité contenu dans les terres vitrifiables, qui est susceptible de se détruire et de se dissiper par la violence du feu, et dont j'ai parlé plus haut; j'ai remarqué un grand nombre de fois, que du sable calciné exigeoit un peu plus de fondant pour se réduire en verre, que celui qui ne l'a point été; ainsi la terre tirée du *liquor silicum* et la terre tirée de l'alun, sont deux terres qui sont dans le plus grand état de division possible, elles présentent beaucoup de surface à l'action du feu, leur principe fusible s'évapore avant que le feu les ait pénétrés suffisamment pour les faire entrer en fusion.

# TROISIÈME QUESTION.

*Quels sont les moyens de fertiliser l'argille.*

LES connoissances de l'agriculture sont tellement liées les unes aux autres, qu'il est difficile d'établir quelques principes généraux sur les moyens de fertiliser une espèce de terre, sans parler en même temps de quelque autre terrein qu'on puisse lui comparer.

Les cultivateurs établissent plusieurs espèces de terreins, qui sont plus ou moins propres à la végétation ; nous ne parlerons ici que de ceux dont nous avons besoin, pour faire entendre ce que nous avons à dire. Les terres dont nous allons nous entretenir sont connues parmi les agriculteurs sous les noms de *terres froides*, *terres brûlantes*, *terres franches*.

3

Les terres froides, suivant les cultivateurs, sont les argilles que l'on nomme aussi terres glaises. Quelques-uns d'entre eux font une distinction entre argille et terre glaise; mais ces deux dénominations sont synonymes en chymie, et ne désignent qu'une seule terre.

Cette espèce de terre n'est pas plus froide que les autres terreins, mais il paroît qu'on lui a donné ce nom à cause de la propriété qu'elle a de retenir l'eau des pluies, et de tenir les végétaux dans un trop grand état d'humidité et de fraîcheur.

Les terres brûlantes sont les sables, les graviers, qui contiennent peu ou point de terre propre à la végétation : il paroît qu'on les a ainsi nommées à cause qu'elles laissent imbiber l'eau très-facilement ; une partie passe au-dessous des racines des végétaux, tandis que l'autre s'évapore promptement par l'ardeur du soleil.

Nous mettrons encore au rang des terres brûlantes certains tufs calcaires et les craies, quoique liantes en apparence, mais elles ont tous les inconvéniens des terreins sableux dont nous venons de parler : elles laissent imbiber et évaporer les eaux des pluies avec à-peu-près la même facilité.

La terre franche, connue aussi parmi les laboureurs sous le nom de terreau, est la meilleure de toutes les terres labourables ; elle est un composé des deux terres dont nous venons de parler. Ce mélange fait par la nature dans de bonnes proportions, forme la meilleure terre ; c'est elle qui est la plus propre à la végétation, elle doit être légèrement liante, étant pêtrie avec de l'eau, sa couleur est accidentelle, mais ordinairement elle est d'un jaune noirâtre. Il faut bien distinguer cette terre d'avec le terreau des jardiniers, qui n'est, pour la plus grande partie, qu'un amas de végétaux pourris,

et qui approchent de leur parfaite destruction et réduction en terre ; cette
matière est excellente pour la végétation, mais elle n'est pas assez commune
pour qu'on puisse s'en servir à fertiliser
les terres.

Les terres fortes sont les terres franches dont nous venons de parler, mais
qui contiennent une plus grande quantité de terre argilleuse, quelques-unes
sont mêlées d'un peu de terres calcaires ; elles font de plus grosses mottes
sous les pieds lorsqu'on marche dans
ces terres en temps de pluies : on s'en
sert pour la bâtisse des fours, on lui a
donné, à cause de cela, le nom de *terre
à four*. Ce sont les meilleures pour la
végétation, mais elles exigent quelques soins pour l'écoulement des eaux.
Les terres qui sont plus fortes que
celle-ci, commencent à rentrer dans la
classe des argilles.

Ce sont-là les principaux terreins
que je me propose d'examiner conjoin-

tement avec les argilles, parce qu'ils sont les plus universellement répandus dans la nature. Toute la science du cultivateur se réduit à procurer au terrein qu'il veut cultiver, ce que la nature a refusé de lui donner; il y parvient au moyen des additions convenables, qui sont les engrais, le fumier et le labourage. Nous parlerons de ces choses à mesure que les occasions nous en fourniront les moyens.

J'ai démontré que l'argille étoit la seule matière terreuse qui fût propre à la végétation, puisqu'elle est la seule qui fasse partie des végétaux et des animaux; cependant cette espèce de terre, dans son état de pureté, ne produit que peu ou point de végétaux. Il en est de même des sables purs et des terreins de pure craie: les terreins de ces deux dernières espèces ne produisent rien, et ne sont pas propres à la végétation, parce qu'effectivement ils sont privés de l'espèce de

terre qui fait le fond de la végétation ;
la terre argilleuse, au contraire, en
contient trop.

Lorsqu'on sème quelques graines
dans de l'argille, elles germent et ne
font rien de plus pour l'ordinaire, parce
que la consistance ferme et compacte
de cette terre s'oppose à tout le jeu de
la végétation ; l'action de la végétation
n'est pas assez forte pour vaincre la résistance qu'elle trouve dans la compacité
de l'argille ; les racines ne peuvent pas
s'étendre, la tige ne peut pas percer la
surface de la terre, et lorsque par hasard
elle le fait, c'est toujours avec un effort
qui fatigue et altère sensiblement le végétal : d'ailleurs, il est toujours dans un
état de pression dans l'alvéole qu'il s'est
formé ; il n'est pas libre ni de s'étendre
par les racines, ni de grossir par la
tige, il est continuellement dans la
gêne. Ce sont toutes ces raisons qui em-
pêchent que la terre glaise puisse produire une bonne végétation.

Une autre circonstance qui s'oppose à la végétation, est celle où ces terres sont humectées au point de former une pâte un peu ferme à leur surface; dans cet état elles ne permettent plus à l'eau des pluies de les pénétrer. C'est par rapport à cette propriété, qu'on s'en sert avantageusement pour retenir l'eau des bassins, et l'empêcher de pénétrer au travers des terres. Ainsi l'eau des pluies ne mouille que la superficie du terrein; les racines des plantes ne sont jamais imbibées d'une plus grande quantité d'eau, que celle qui tient l'argille en consistance de pâte ferme, ce qui n'est pas à beaucoup près suffisant pour produire une bonne végétation, parce que ces espèces de terres retiennent trop fortement l'eau, pour que le végétal puisse la pomper. Les tiges sont continuellement baignées, et finissent par pourrir; le fumier qu'on répand seul sur un terrein argilleux, ne remplit que très-légèrement, et pour ainsi

dire pendant un moment, les indica-
tions qu'on doit se proposer. Dans certains pays où les terres sont trop fortes,
c'est-à-dire trop argilleuse, on répand
de la paille neuve et entière en guise de
fumier, et on a remarqué qu'elle y
produit un meilleur effet : on peut présumer que cela vient de ce que lorsque cette paille se trouve sous la terre,
elle fait fonction d'autant de petits ma-
telas qui tiennent la surface du terrein
comme suspendue, et la mettent dans
le cas d'être pénétrée plus facilement
par les eaux des pluies et par l'air.

Le fumier est, pour la plupart du
temps brisé, il n'a pas la même élasticité,
il ne peut soutenir le poids de la terre ; il
faudroit, pour qu'il produisît le même
effet, en employer une bien plus grande
quantité, mais qui auroit d'autres inconvéniens.

Les pluies longues et abondantes
causent beaucoup de dommages à la végétation : nous venons de dire qu'elles

restent à la surface des terres fortes et des terres argilleuses, et qu'elles y font pourrir les tiges des végétaux. Elles ne font pas moins de mal dans les terreins maigres que nous avons nommés brûlans, elles lessivent les engrais et le fumier, elles emportent au-dessous des racines cette matière savonneuse et extractive que le fumier fournit, qui est le principal aliment de la végétation; les plantes périssent, parce qu'elles manquent de subsistances, et qu'elles sont desséchées par l'ardeur du soleil.

Les terres argilleuses bien amandées sont cependant celles qui sont les plus propres à la végétation; mais pour savoir ce qu'il convient de faire ou d'ajouter à un terrein de cette espèce, pour le rendre le plus fertile possible, il faut auparavant examiner la nature et la composition d'un terrein actuellement labourable, et qui passe parmi les agriculteurs pour être un bon terrein : c'est le parti que j'ai cru devoir prendre.

J'ai pris une certaine quantité de terre labourable dans les environs de Paris, et dans un terrein qui passe pour être des meilleurs pour la végétation : je l'ai fait sécher à l'air, afin de me débarrasser de l'humidité. J'en ai pesé une livre, je l'ai lavée dans une certaine quantité d'eau, de la même manière qu'on lave les argilles : j'ai fait couler avec l'eau la portion de terre la plus fine : il est resté six onces de matières grossières, c'étoit du gravier semblable à celui de rivière, mêlé de fragmens de briques et de pierres calcaires. J'ai ramassé la terre fine qui a été séparée par le lavage, je l'ai fait sécher, et je l'ai fait digérer dans du vinaigre distillé. J'ai séparé ce vinaigre lorsqu'il a été saturé de terre, j'ai repassé sur le marc du nouveau vinaigre, par ce moyen j'ai séparé toute la terre calcaire ; j'ai prépité cette terre par de

l'alkali fixe, j'en ai obtenu quatre onces : il est resté six onces d'argille semblable aux argilles communes.

J'ai pareillement examiné la terre
d'un autre terrein qui passe parmi les
agriculteurs pour être moins bon que
le précédent, et qu'ils nomment terrein
*maigre* : j'ai trouvé que chaque livre
de cette terre séchée, contient quatre
onces d'argille, six onces de gravier,
et six onces de terre calcaire. Les proportions des matières terreuses qui composent les terres labourables peuvent
varier à l'infini, et c'est à ces variétés
qu'on peut attribuer les différences
qu'on remarque dans leur qualité végé-
tative, cependant indépendamment du
climat et de l'exposition du terrein,
qui influent pour beaucoup.

Il résulte de ces expériences, que
pour rendre fertile un terrein argilleux, il convient de répandre à sa
surface, et de mêler ensuite une certaine quantité de sable, de gravier, de

2

terre calcaire, de tuf calcaire, de pla-
tras réduits en poudre grossière, afin
de diminuer la compacité des argilles,
et de changer la nature du sol : on
nomme, mais improprement, *engrais*,
les substances qui sont propres à changer la nature du terrein. Ces engrais
ont la propriété de suppléer au fumier
lorsqu'il manque. Le fumier produit
des effets plus prompts, mais ceux qui
sont produits par des engrais sont plus
durables. Les engrais que nous venons
de nommer conviennent pour les sols
argilleux ; ils seroient absolument mauvais dans les sols que nous avons nommés brûlans : ceux qui conviennent
dans ces sortes de terreins sont la marne, le gazon, les vuidanges des mares
et des fossés qu'on a pratiqués autour des
terres argilleuses, l'argille elle-même.

Lors donc qu'on veut répandre et
mêler dans un terrein argilleux l'un ou
l'autre des engrais que nous avons
nommés, il convient de s'assurer de

l'épaisseur du lit de l'argille, c'est ce qui doit déterminer pour la quantité qu'on doit en mettre. Pour cela on fait quelques trous dans différens endroits du terrein. Si ce sol argilleux est fort épais, il faudra y mêler une beaucoup plus grande quantité de matière maigre; si au contraire il n'avoit qu'un pied d'épaisseur, il en faudroit moins. On commence par labourer le terrein en temps sec, et le plus profondément qu'il est possible; on répand l'une ou l'autre des substances maigres, dont nous avons parlé, jusqu'à ce qu'il ait une épaisseur d'environ un pouce; alors il convient de labourer de nouveau et de faire passer plusieurs herses à dents de fer, afin de diviser les mottes. Environ quinze jours ou trois semaines après, il convient de labourer de nouveau, de répandre du fumier et de labourer encore, afin de mêler le fumier. S'il venoit quelques gelées entre ces deux derniers labours, il faudroit profiter du dégel et du premier temps sec qui suit le dégel, pour faire ce dernier labour, parce que pendant la gelée, l'humidité qui étoit dans l'argille a fait fondre et écarter les unes des autres les parties de la terre. Si le dégel vient sans pluie, les mottes d'argille restent dans cet état de division, le moindre ébranlement les fait tomber en poussière, et le mélange est facile à faire. Mais si le dégel a été accompagné de pluies, les parties de l'argille se réunissent, se mettent en masse, et deviennent alors très-difficiles à diviser. La tenacité de l'argille rend ce mélange très-difficile : on ne peut en venir à bout que par des labours multipliés, et sur-tout dans les premières années.

Il ne s'agit pas de mettre une fois des substances maigres dans un terrain argilleux, il faut, au contraire, en mettre régulièrement toutes les années, jusqu'à ce que la quantité ajoutée fasse une élévation de six ou huit pouces d'épaisseur dans toute la superficie du terrein, en supposant que le lit d'argille n'ait lui-même qu'un pied dépaisseur. Si le sol argilleux est beaucoup plus épais, il en faudra beaucoup davantage. Enfin si ce sol avoit dix, douze ou quinze pieds d'épaisseur, comme cela est assez fréquent dans la nature, dans ce cas il faudroit mettre assez de matière maigre pour pouvoir former à la surface de l'argille un nouveau sol d'un pied d'épaisseur au moins : on auroit soin alors de ne jamais labourer plus profondément que le sol qu'on a formé artificiellement.

Entre les différentes substances terreuses que nous avons dit qu'on pouvoit employer à cet usage, il faut, autant qu'on le peut, employer des matières calcaires, telles que le tuf calcaire, la craie, les recoupes de pierres de taille, les décombres des bâtimens, réduits en poudre très-grossière, la chaux, &c. Cette dernière substance seroit excellente, mais elle deviendroit dispendieuse. Les substances calcaires méritent la préférence, parce qu'elles ont la propriété de se bien mêler avec les argilles, de les décomposer, et de s'en séparer plus difficilement que les terres vitrifiables ou les sables. J'ai remarqué qu'un mélange d'argille et de sable exposé à la pluie ou délayé dans de l'eau, se décompose facilement ; le sable se sépare promptement. Il n'en est pas de même d'une terre calcaire, elle se combine mieux et ne se sépare pas, même par le lavage, lorsqu'elle a été bien divisée : mais cette grande division n'est pas nécessaire pour l'objet dont nous parlons, il suffit que ces matières soient réduites en poudre très-grossière. On pourroit encore faire du feu à la surface d'un terrein argilleux, afin de durcir et de cuire la superficie. L'argille qui a été brûlée, n'a plus la compacité qu'elle avoit : dans les pays où la matière combustible est commune, ce moyen seroit fort bon , et la cendre qui proviendroit de la combustion des végétaux , très-propre à alléger et à fertiliser ce même terrein. En faisant quelques trous dans un terrein argilleux pour connoître l'épaisseur du banc d'argille , on découvre quelquefois que le lit de terre qui se trouve dessous , est de qualité convenable pour ameublir l'argille ; alors c'est au cultivateur de voir s'il est plus avantageux de s'en servir que de s'en procurer d'ailleurs : ces choses dépendent du local.

Le moyen que je propose pour rendre fertile un terrein argilleux , paroîtra peut-être effrayant, sur-tout si le terrein a beaucoup d'étendue. Je conviens qu'il est dispendieux , mais ce n'est qu'en voitures , car la matière première n'est point coûteuse. Si un semblable terrein se trouve à la portée d'une grande ville , il n'en coûtera rien de voiture : il suffit d'ordonner aux maçons , aux entrepreneurs de bâtimens ,

d'y porter les décombres des maisons,
on verra que chaque année on fertili-
sera une certaine étendue de ce même
terrein. On peut, pendant l'hiver, occuper le pauvre peuple à pulvériser ces
matériaux, à les passer au travers d'une
claie, et à les répandre sur le terrein.

Outre l'addition de toutes ces matières, il est nécessaire de faire des
fossés dans l'intérieur des terres, et de
distance en distance, afin d'évacuer les
eaux des pluies, parce que si elles sé-
journoient sur le terrein, elles retar-
deroient considérablemeut les travaux.

Les agriculteurs nomment les opérations par lesquelles on répand une terre
sur un terrein, *marner les terres ;* nous
croyons que ce terme a besoin d'une
explication. Les laboureurs entendent
communément par *marner*, répandre
sur un terrein une autre terre, sans trop
faire attention à la nature de l'une, ni
à celle qui sert à marner.

Dans certains pays, on marne avec

de la craie ; dans d'autres, on marne
avec de la terre à four ; dans d'autres
pays avec du tuf : en un mot, la matière
qui sert à marner n'est pas la même
par-tout. Il paroît qu'on marne les terres
avec l'espèce de matière terreuse qu'on
trouve à la main, et que l'on croit la
plus convenable. Dans ces importantes
opérations, on n'a jamais eu des principes établis qui fussent bien fondés. Le
hasard a pu faire bien rencontrer ; mais
il a dû quelquefois produire des effets
contraires, et détériorer des terres au
lieu de les améliorer. Ce défaut vient
de ce que les agriculteurs manquent
absolument de connoissances en chymie
et en histoire naturelle.

*Marner une terre*, à parler stricte-
ment, c'est répandre à sa surface une
certaine quantité de marne.

*La marne*, suivant les chymistes, est
une terre composée d'à-peu-près parties égales d'argille et de terre calcaire : or, on sent bien que cette ma-

tière ne peut pas servir indistinctement à marner toutes les terres. La marne varie un peu : il y en a de plus liante l'une que l'autre, mais cela est assez indifférent pour l'objet qu'on se propose ; il y en a de mêlée d'un peu de sable : elle varie encore beaucoup par la couleur; il y en a de blanche, de jaune, de marbrée; mais toutes ont la même propriété pour la culture des terres.

D'après les principes que nous avons posés, il est facile de sentir qu'on peut établir des principes généraux sur le marnage des terres, puisque cela consiste à s'approcher autant qu'il est possible, par des mélanges de différentes matières terreuses, de la composition des terreins que l'expérience a appris être les meilleurs : par exemple, dans un terrein sableux, on sent bien que ce seroit ne rien faire, que d'ajouter de la craie sous prétexte de le marner; il en est de même d'un terrein crétacé, on y répandroit inutilement du sable pour le rendre fertile, &c. Ainsi, pour fertiliser les argilles, il faut leur mêler les substances dont nous avons parlé : il convient de les labourer et de les ensemencer en temps sec ; la terre se divise mieux, et il se fait moins de perte de grains qui s'enfoncent sous les pieds des animaux qui hersent. Cette portion de grain est perdue, et pourrit dans l'intérieur de la terre, parce que la tige ne peut pas se faire jour et parvenir jusqu'à la superficie du terrein.

Pour rendre les craies et les sables fertiles, il faut leur ajouter de la marne liante, de l'argille ou de la terre à four ; ces terres demandent qu'on les laboure et qu'on les sème en temps de pluies ; car lorsqu'elles sont sèches, les vents découvrent les grains nouvellement semés, et les exposent à la voracité des animaux.

Nonobstant tout ce que nous venons

de dire, les terres, de quelque nature qu'elles soient, ont encore besoin d'être fumées.

*Fumer une terre*, c'est répandre à sa surface une certaine quantité de fumier, pour le mêler ensuite à cette même terre en la labourant.

On attribue au fumier des différens animaux, des propriétés qu'on croit leur être particulières. Les laboureurs pensent, par exemple, que le fumier de bœufs et de vaches est froid, et qu'il rafraîchit la terre ; que par rapport à cela il ne faut pas le mettre sur les terres fortes et argilleuses, que nous avons nommées froides avec les laboureurs : on recommande ce fumier dans les terres brûlantes pour les rafraîchir.

On prétend, au contraire, que le fumier de cheval est chaud, et que celui de mouton est encore plus chaud ; ces fumiers conviennent, par rapport à cela, dans les terres fortes et argil-

leuses : tel est le sentiment des cultivateurs.

Ces expressions sont obscures, et elles ont besoin d'être éclaircies. Stric-tement parlant, il n'y a point de fumier chaud ni de fumier froid ; ces qualités sont absolument imaginaires. Peut-être que ce qui a fait naître ces idées, vient de ce que l'on a observé que le fumier de bœuf et de vache mis en tas, s'é-chauffe peu ou point, tandis qu'au con-traire celui de cheval s'échauffe consi-dérablement. Ces différences viennent seulement de l'état où se trouvent les fumiers au sortir des étables et des écu-ries. Les substances qui sont suscepti-bles de la fermentation n'éprouvent bien ce mouvement, qu'autant que la partie aqueuse se trouve dans des pro-portions convenables : lorsque ces substances sont mêlées avec beaucoup d'humidité, elles passent à la putréfac-tion presque aussi-tôt qu'elles éprou-vent le premier degré de fermentation.

Le fumier de bœuf et de vache est on ne peut pas plus humide, les excrémens de ces animaux sont très-liquides, ils urinent souvent, et fournissent beaucoup d'eau dans leur fumier ; cette eau s'oppose à la fermentation, et fait que cette espèce de fumier passe plus promptement à la putréfaction.

La fiente du cheval est sèche ; cet animal lâche moins souvent ses urines, son fumier est moins humide, aussi il est susceptible d'éprouver les deux premiers degrés de la fermentation, qui sont les seuls qui produisent de la chaleur ; ces fermentations ne sont ni retardées, ni dérangées par une surabondance d'humidité, comme dans le fumier de bœuf et de vache : à cause de cela, on aura pensé que le fumier de cheval réchauffe les terres.

Mais, si l'on y fait attention, le fumier qui est ainsi en fermentation, n'est pas suffisamment façonné, il n'est pas mûr, pour me servir de l'expression du laboureur ; et lorsqu'il est parvenu dans l'état où il convient qu'il soit, pour être répandu sur les terres, il n'a presque plus de chaleur, parce qu'il approche de la putréfaction, et que la putréfaction des corps se fait sans chaleur. Lorsqu'on répand ce fumier sur la terre, les parties sont isolées les unes des autres : le fumier n'a pas la moindre chaleur. Je me suis assuré par un grand nombre d'expériences, le thermomètre à la main, que tous les corps végétaux et animaux qui subissent une vraie putréfaction, ne produisent pas la moindre chaleur. D'où je conclus que ces fumiers ne sont pas plus chauds les uns que les autres. Il faut dire cependant, que si l'on répand du fumier de bœuf et de vache sur un terrein argilleux, l'humidité de ce fumier ne peut s'imbiber dans la terre, elle reste long-temps à la même place : dans ce sens, cette espèce de fumier sera plus froid que celui de cheval, parce que, toutes

3

choses égales d'ailleurs, il y a moins de
chaleur dans les endroits où il y a beaucoup d'humidité. Mais si l'on laisse des-
sécher le fumier de bœuf et de vache à
l'air au même point où se trouve celui
de cheval, alors on lui trouve les propriétés de ce dernier fumier, et il produit exactement les mêmes effets dans
les terres argilleuses ; mais comme il
est ordinairement abreuvé d'une grande
quantité d'humidité, il diminue considérablement de volume pendant sa dessication. Les laboureurs voient avec
peine cette diminution, et ils la sup-
portent toujours avec regret.

Le fumier de mouton qui passe pour
être le plus chaud de tous, confirme
bien ce que nous venons de dire : ce
fumier est le plus sec, parce que les
moutons urinent moins fréquemment,
et que leur urine est beaucoup moins
abondante.

Tout ce que je viens de dire prouve
donc qu'on avoit de fausses idées sur

les propriétés froides ou chaudes des fumiers, puisque cela ne dépend que des proportions d'humidité qu'ils contiennent. Je ne prétends pas dire pour cela que, parmi ces fumiers, il n'y en a pas de meilleur l'un que l'autre ; au contraire, je pense que celui de mouton est le meilleur de tous, ensuite celui de cheval : celui de bœuf et de vache bien préparé, c'est-à-dire, desséché à l'air, est tout aussi bon dans les terreins argilleux, et au contraire, il convient de l'employer fort humide dans les terreins maigres. Les fumiers sont meilleurs les uns que les autres, parce qu'ils contiennent sous le même volume une plus ou moins grande quantité de matière propre à la végétation : cette substance peut être mieux préparée dans un fumier que dans un autre ; d'ailleurs, tel fumier peut contenir une substance saline, extractive, savonneuse, en plus grande quantité, et dans un état plus analogue aux plantes : je pense que le fumier de mouton est dans le cas dont nous parlons, et qu'il est, par rapport à cela, le meilleur de tous.

Le fumier répandu dans les terres, produit une végétation plus abondante et plus vigoureuse que lorsqu'on n'y en met pas : c'est une vérité qui est universellement reconnue. On dit communément qu'il introduit dans la terre une *graisse*. Mais cette expression est très-impropre, car s'il en étoit ainsi, il s'ensuivroit qu'en arrosant un terrein avec de l'huile ou avec toute autre matière graisseuse pure, on le rendroit encore plus fertile, ce qui n'est pas vrai à beaucoup près.

La graisse, l'huile, et toutes les matières graisseuses pures, ne sont pas des substances nutritives pour les animaux, elles sont encore moins convenables pour la végétation. Il y a des pays où l'on répand sur les terres des lies d'huile, et qui produisent un très-bon effet, mais ce n'est pas tant que l'huile est sous la forme d'huile : c'est après qu'elle s'est mêlée et combinée avec la terre, en un mot, après qu'elle s'est décomposée, et que ses parties sont devenues dissolubles dans l'eau : l'huile qu'on emploieroit en place d'eau pour arroser une plante, la feroit périr en peu de temps. Mais lorsque ces substances sont combinées avec des matières salines, et qu'elles sont réduites dans un état savonneux, elles passent facilement dans le végétal, et font partie de la sève. C'est sous cette forme que se trouvent les matières huileuses qui sont dans le fumier ; l'urine des animaux contient des sels qui ont la faculté de les combiner ainsi, de les rendre dissolubles dans l'eau, et en état de faire partie de la végétation.

Les effets du fumier sont donc, 1°. de rendre les terres plus légères et plus faciles à être pénétrées par l'air et par les eaux des pluies. 2°. Le fumier, en achevant de se pourrir, laisse dans le terrein une matière extractive, savonneuse, et une terre végétale très-divisée, qui sont toutes disposées à faire partie d'une végétation prochaine. L'huile et les matières salines pures qu ne sont pas sous cette forme, et qui ne sont pas combinées par le mouvement de la putréfaction, nuisent plus à la végétation qu'ils ne sont profitables.

Toutes les matières capables de produire en se pourrissant une substance savonneuse et extractive, dissoluble dans l'eau, et une terre très-déliée, peuvent remplacer le fumier; les matières animales molles produisent un aussi bon effet. Dans certains cantons, sur les bords de la mer, on fumoit quelquefois les terres avec du poisson, mais on a défendu de les fumer ainsi, à cause de la trop grande dévastation que cela occasionne dans la mer.

La cendre lessivée et la cendre non lessivée, qui est une terre végétale, argilleuse, dans l'état de division convenable, fertilise parfaitement bien les terres. Plusieurs personnes avoient attribué les bons effets de cette matière aux sels qu'elle contient : cela avoit même conduit à recommander de répandre du sel sur les terres. Mais l'expérience n'a pas confirmé les bons effets qu'on en attendoit. Les sels qu'on répand en grande quantité sur la terre nuisent plutôt à la végétation qu'ils ne lui sont utiles. Dans les salines où l'on prépare le sel par évaporation sur le feu, on jette sur les terreins voisins les matières salines de rebut, qui sont en très-grande quantité ; mais ces terreins ne produisent rien, ou presque rien, tant que leur surface est salée, et ils ne commencent à se garnir de végétaux que quand les eaux des pluies ont dissous le sel et l'ont imbibé dans les terres au-dessous des racines. Les urines des animaux contiennent beaucoup de sels, elles détruisent de même les végétaux, lorsqu'elles sont répan-

dûes trop abondamment ; on en a des
exemples frappans dans les promenades
publiques de Paris ; les arbres, les ar-
bustes, et les plantes qui sont continuellement arrosées d'urine, périssent
au bout d'un certain temps. Tout ceci
nous prouve que si les sels sont de
quelque utilité à la végétation, c'est
lorsqu'ils sont combinés avec des substances huileuses, capables d'adoucir
leur acrimonie ; en un mot, lorsqu'ils
sont dans l'état savonneux. C'est le propre de la putréfaction du fumier, de
combiner les sels des urines des animaux, et de les rendre propres à fertiliser les terres.

On me dira peut-être, que dans plusieurs endroits de la Flandre, on fertilise les terres avec de l'urine putréfiée,
et qu'elle produit un aussi bon effet que
le fumier ; cependant elle contient une
très-grande quantité de sels. Pourquoi
produisent-ils en Flandre des effets
différens qu'à Paris ? cela vient de plu-

sieurs causes. 1°. En Flandre, on répand l'urine putréfiée avant les semailles, la plus grande partie du sel
contenu dans l'urine qui est putréfiée,
est volatil, il se dissipe promptement
par l'évaporation, et ne nuit point à
la végétation : 2°. La portion du sel
fixe qui est dans l'urine, s'imbibe dans
les terres avant les semailles, et ne
porte point son action sur les semences :
il ne reste enfin de mêlé à la terre vé-
gétative, que la matière terreuse, savonneuse, extractive, que l'urine fournit abondamment.

L'urine répandue sur les végétaux
dans les promenades publiques, se
trouve dans des circonstances bien différentes ; elle est récente et appliquée
immédiatement sur les racines des végétaux ; le sel agit en totalité, parce que la
putréfaction n'a pas encore dégagé la
portion de sel qui doit se volatiliser.
D'où je conclus que les sels purs nuisent
plutôt à la végétation, qu'ils n'y sont

utiles, j'entends de la végétation qui se fait à la surface du continent sec, et non de celle qui se fait dans le fond de la mer, et entouré d'eau salée : mais les plantes marines sont d'une autre nature. Nous sortirions de notre objet, si nous voulions nous entretenir de ces plantes.

La matière fécale humaine est encore un fort bon engrais; mais lorsqu'elle est nouvelle, il faut la répandre dans les terres long-temps avant les semailles, parce qu'elle contient une si grande quantité de matière saline, qu'elle brûle et corrode les semences. En les répandant quelque temps d'avance, les eaux des pluies la lessivent, imbibent dans les terres les sels qu'elle contient, et ne laissent à la surface du terrein qu'une substance terreuse analogue à celle qui est produite par du fumier. A Paris on ne se sert de cette matière qu'après qu'elle a resté trois années à l'air et exposée à la pluie; lorsqu'on s'en sert plutôt, on a remarqué qu'elle brûle et détruit les végétaux , parce qu'alors elle contient trop de sel.

Indépendamment de tout ce que nous avons dit sur les différens terreins et sur les moyens de les rendre fertiles, nous devons regarder l'eau , l'air et la chaleur, comme les grands et les principaux agens de la végétation. L'eau tient en dissolution les sucs végétatifs , elle passe avec eux dans le végétal et en fait partie ; elle fait plus, elle tient en dissolution des substances terreuses qu'elle distribue dans le végétal , pour lui donner ensuite la solidité qui lui convient. Les végétaux tirent par leurs vaisseaux absorbans une grande quantité d'eau des pluies, qui n'est pas moins utile à leur accroissement : mais il ne faut pas croire non plus que toute la quantité qu'ils tirent par leurs racines et par leurs feuilles, reste dans leur substance ; au contraire, ils en perdent considérablement par une sorte de transpiration insensible.

L'air fait aussi partie de la végétation : les plantes respirent par leurs
pores, et assimilent avec elles une
grande quantité d'air ; elles en rendent
aussi une partie : c'est ce que M. Halles
a démontré de la manière la plus con-
cluante par une infinité de belles expériences, qu'il a rapportées dans sa sta-
tique des végétaux. Cet ouvrage a été
traduit de l'anglais en français par
M. de Buffon.

Tout dans la nature reste dans l'inac-
tion sans la chaleur ; c'est elle qui est
le mobile du mouvement dans la végétation et dans la vie animale ; c'est
elle qui est le principe de la liquidité
et de la fluidité, et qui permet aux
différens sucs végétatifs de se combiner d'une infinité de manières, et
de produire toutes les substances qu'on
retire de ces deux règnes. Mais je
m'apperçois que je me laisse aller in-
sensiblement aux merveilles de la
végétation, au lieu de répondre à la

question, et de fertiliser les argilles.

Si j'avois à ma dispostion toutes les commodités convenables, j'aurois soumis à l'expérience tout ce que la théorie m'a suggérée; mais ne pouvant le faire, je vais exposer le plan d'expériences que j'aurois faites : c'est tout ce que je puis faire. Je ne présume pas que l'académie exige qu'on fasse plus de dépenses et d'expériences que la nature du prix et le temps accordé par l'académie ne le comportent *.

---

* Suivant le programme que l'académie vient de publier dans le Mercure de France que j'ai déjà cité, il est visible que je me suis trompé sur ces deux objets, puisque malgré la dépense considérable, et plusieurs années de travaux que j'ai faits pour éclaircir par des expériences chymiques la meilleure théorie pour rendre l'argille fertile, elle exige encore que jeusse fait dans l'espace d'une année, autant de dépenses et d'expériences d'agriculture qu'on peut en faire dans l'espace de quatre années, qui est le temps qu'elle accorde à présent.

1°. J'aurois mis dans six caisses de l'argille bleue des potiers.

2°. Dans six caisses semblables, j'aurois mis de l'argille blanche.

3°. Dans six autres caisses, j'aurois mis dans chaque un mélange de parties égales d'argille bleue des potiers, et de craie.

4°. Dans six autres caisses, j'aurois mis dans chaque un pareil mélange de parties égales d'argille bleue et de sablon fin.

5°. Dans six autres caisses, j'aurois mis dans chaque un mélange de parties égales d'argille bleue et de gravier de rivière, connu sous le nom de sable de rivière.

6°. J'aurois répété sur de l'argille blanche les troisième, quatrième et cinquième expériences.

7°. J'aurois répété toutes ces expériences en diminuant la dose de l'argille, jusqu'à ce que je fusse parvenu à une partie d'argille sur quatre de

matière terreuse étrangère à la végétation.

8°. Après avoir fait les mélanges
dont nous venons de parler avec des
terres pures deux à deux , j'aurois répété ces expériences en mêlant de l'argille, du sable et de la craie dans différentes proportions.

9°. Comme il y a des pays où il n'est
quelquefois pas trop possible de se procurer du sable ou de la craie , j'aurois
recommencé toutes les expériences
dont nous venons de parler, avec les
décombres des maisons réduites en
poudre grossière , les recoupes de
pierres de taille ; en un mot, avec toutes
sortes de matières terreuses , qui ne
sont point propres à la végétation ,
mais qui ont la propriété d'alléger l'argille , de diminuer sa compacité, et de
faciliter le jeu de la végétation.

10°. J'aurois répété toutes ces expériences en ajoutant à ces mélanges différentes doses de fumier, afin de pou-

voir observer et me convaincre de l'espèce de terrein qui a le plus besoin
d'être fumé.

Dans toutes ces caisses, j'aurois
semé des graines farineuses et légumi-
neuses, mais toujours de la même espèce, afin de n'avoir pas à attribuer un
effet à des causes étrangères, mais seulement aux terres. Je propose de faire
ces expériences sur six mélanges semblables, afin d'avoir des résultats sûrs;
car sans cela on ne sauroit à quoi attribuer une infinité de petits accidens qui
arrivent à la végétation.

Pour avoir quelque chose d'absolument certain sur cette matière par la
voie de l'expérience, il est encore nécessaire de continuer ces observations
pendant plusieurs années de suite, et
de remarquer si les végétaux et les
grains qui en seroient provenus sont
d'aussi bonne qualité que ceux des
terreins des pays où l'on auroit fait ces
expériences. Cette matière est impor-

tante ; elle ne peut jamais être bien traitée que par une personne aisée, qui fait son séjour à la campagne, et qui en feroit son amusement. Si dans cette matière il n'étoit question que d'expériences de chymie, il y a long-temps que, par goût, j'aurois éclairci toutes ces questions.


**F I N.**

# TABLE DES MATIÈRES.

## A

## B



## C



## D

## E



## F

## L



## M



## N



O

## O



## P



## Q



## S

## T

## U



FIN DE LA TABLE DES MATIÈRES.